细看图纸巧做装饰工程造价

工程造价员网
张国栋　主编

U0343440

中国建筑工业出版社

图书在版编目（CIP）数据

细看图纸巧做装饰工程造价/张国栋主编．—北京：
中国建筑工业出版社，2016.5
ISBN 978-7-112-19430-8

Ⅰ．①细…　Ⅱ．①张…　Ⅲ．①建筑装饰-工程造价
Ⅳ．①TU723.3

中国版本图书馆 CIP 数据核字（2016）第 098469 号

本书以《建设工程工程量清单计价规范》GB 50500—2013 及《房屋建筑与装饰工程工程量计算规范》GB 50854—2013 与部分省市的预算定额为依据，主要介绍了装饰装修工程工程量清单计价的编制方法，重点阐述装饰装修分部工程工程量清单编制、计价格式和方法。内容包括装饰工程工程量清单计价、装饰工程定额计价、装饰工程常用图例、装饰工程图纸分析、装饰工程算量及清单编制实例、装饰工程算量解题技巧及常见疑难问题解答等六大部分。为了适应装饰装修工程建设施工管理和广大装饰装修工程造价工作人员的实际需求，我们组织了多名从事工程造价编制工作的专业人员共同编写了此书。以期为读者提供更好的学习和参考资料。

责任编辑：赵晓菲　朱晓瑜
责任设计：李志立
责任校对：李美娜　张　颖

细看图纸巧做装饰工程造价
工程造价员网
张国栋　主编
*
中国建筑工业出版社出版、发行（北京西郊百万庄）
各地新华书店、建筑书店经销
霸州市顺浩图文科技发展有限公司制版
北京富生印刷厂印刷
*
开本：787×1092 毫米　1/16　印张：12¼　字数：303 千字
2016 年 8 月第一版　　2016 年 8 月第一次印刷
定价：**32.00** 元
ISBN 978-7-112-19430-8
（28681）

版权所有　翻印必究
如有印装质量问题，可寄本社退换
（邮政编码 100037）

编写人员名单

主　编　张国栋

参　编　郭芳芳　马　波　邵夏蕊　洪　岩

赵小云　王春花　郑文乐　王希玲

王　真　赵家清　陈　鸽　毛思远

郭小段　王文芳　张　惠　徐文金

刘　瀚　邢佳慧　宋银萍　王九雪

张扬扬　张　冰　王瑞金　程珍珍

前　言

为了推动《建设工程工程量清单计价规范》GB 50500—2013、《房屋建筑与装饰工程工程量计算规范》GB 50854—2013 的实施，帮助造价工作者提高实际操作水平，特组织编写此书。

本书主要是细看图纸巧做算量，顾名思义就是把图纸看透看明白，把算量做得清清楚楚，书中的编排顺序按照循序渐进的思路一步一步上升，在装饰装修工程造价基本知识和图例认识的前提下对某项工程的定额和清单工程量进行计算，在简单的分部工程量之后，讲解的有综合实例，所谓综合性就是分部的工程多了，按照专业的划分综合到一起，进行相应的工程量计算，然后在工程量计算的基础上分析综合单价的计算。最后将装饰装修工程实际中的一些常见问题以及容易迷惑的地方集中进行讲解，同时将经验工程师的一些训言和常见问题的解答按照不同的分类分别进行讲解。

本书在编写时参考了《建设工程工程量清单计价规范》GB 50500—2013、《房屋建筑与装饰工程工程量计算规范》GB 50854—2013 和相应定额，以实例阐述各分项工程的工程量计算方法和清单报价的填写，同时也简要说明了定额与清单的区别，其目的是帮助工作人员解决实际操作问题，提高工作效率。

该书在工程量计算时改变了以前的传统模式，不再是一连串让人感到枯燥的数字，而是在每个分部分项的工程量计算之后相应地配有详细的注释解说，让读者结合注释解说后能够方便快速地理解，从而加深对该部分知识的应用。

本书与同类书相比，其显著特点是：

（1）实际操作性强。书中主要以实际案例详解说明实际操作中的有关问题及解决方法，便于提高读者的实际操作水平。

（2）通过具体的工程实例，依据定额和清单工程量计算规则把建筑工程各分部分项工程的工程量计算进行了详细讲解，手把手地教读者学预算，从根本上帮读者解决实际问题。

（3）在详细的工程量计算之后，每道题的后面又针对具体的项目进行了工程量清单综合单价分析，而且在单价分析里面将材料进行了明细，使读者学习和使用起来更方便。

（4）本书结构清晰，内容全面，层次分明，针对性强，覆盖面广，适用性和实用性强，简单易懂，是造价者的一本理想参考书。

本书在编写过程中，得到了许多同行的支持与帮助，在此表示感谢。由于编者水平有限和时间紧迫，书中难免有错误和不妥之处，望广大读者批评指正。如有疑问，请登录 www.gczjy.com（工程造价员网）或 www.ysypx.com（预算员网）或 www.debzw.com（企业定额编制网）或 www.gclqd.com（工程量清单计价网），或发邮件至 zz6219@163.com 或 dlwhgs@tom.com 与编者联系。

目　录

第 1 章　装饰工程工程量清单计价

1.1　工程量清单计价简述

工程量清单计价是建设工程招投标中，招标人或者招标人委托具有资质的中介机构编制反映工程实体消耗和措施消耗的工程量清单，并作为招标文件的一部分提供给投标人，由投标人按照计价规范中工程量计算规则提供工程数量，依据工程量清单，结合企业自身情况，自主报价的工程造价计价模式。它有效地保证了投标人竞争基础的一致性，减少了投标人偶然工程量计算误差造成的投标失败。另外工程量清单计价有助于形成“企业自主报价，市场竞争形成价格”的建筑市场，有利于我国工程造价管理中政府职能的转变，即由过去行政直接干预转变为对工程造价依法监督。

工程量清单计价是属于全面成本管理的范畴，应包括按招标文件规定，完成工程量清单所列项目的全部费用。工程量清单计价跳出了传统的定额计价模式，建立一种全新的计价模式，依靠市场和企业的实力通过竞争形成价格，使业主通过企业报价可直观地了解项目造价。

工程量清单计价提供的是计价规则、计价办法以及定额消耗量，真正实现了量价分离、企业自主报价、市场有序竞争形成价格。工程量清单报价按相同的工程量和统一的计量规则，由企业根据自身情况报出综合单价，价格高低完全由企业自己确定，充分体现了企业的实力，同时也真正体现出公开、公平、公正。对于发包方，由于工程量清单是招标文件的组成部分，招标单位必须编制出准确的工程量清单，并承担相应的风险，促进招标单位提高管理水平。

对于承包方，采用工程量清单报价，必须对单位工程成本、利润进行分析，统筹考虑，精心选择施工方案，并根据企业的定额合理确定人材机等要素的投入与配置，优化组合，合理控制现场费用和施工技术措施费用，确定投标价。

1.2　工程量清单计价组成及特点

1. 工程量清单计价组成

工程量清单计价是指投标人完成由招标人提供的工程量清单所需的全部费用，包括分部分项工程费、措施项目费、其他项目费、规费和税金。如图 1-1 所示。

2. 工程量清单计价的特点

工程量清单计价的特点具体体现在以下几个方面：

（1）统一性

- 工程量清单计价模式下建筑安装工程费用组成
  - 分部分项工程
    - 人工费
    - 材料费
    - 施工机械使用费
    - 企业管理费
      - 管理人员工资
      - 办公费
      - 差旅交通费
      - 固定资产使用费
      - 工具用具使用费
      - 劳动保险费
      - 工会经费
      - 职工教育经费
      - 财产保险费
      - 财务费
      - 税金
    - 利润
  - 措施项目费
    - 环境保护费
    - 文明施工费
    - 安全施工费
    - 临时设施费
    - 夜间施工费
    - 二次搬运费
    - 冬雨期施工费
    - 大型机械设备进出场及安拆费
    - 混凝土、钢筋混凝土模板及支架
    - 脚手架费
    - 施工排水费、降水费
    - 地上地下设施、建筑物的临时保护设施费
    - 已完工程及设备保护费
  - 其他项目费
    - 暂列金额
    - 暂估价(包括材料暂估单价、工程设备暂估单价)
    - 计日工
    - 总承包服务费
    - 其他:索赔、现场签证
  - 规费
    - 工程排污费
    - 工程定额测定费
    - 社会保障费
    - (1)养老保险费
    - (2)失业保险费
    - (3)医疗保险费
    - (4)工伤保险费
    - (5)生育保险费
    - 住房公积金
    - 危险作业意外伤害保
  - 税金
    - 营业税
    - 城市维护建设税
    - 教育费附加

图 1-1　建筑安装工程费用组成

工程量清单编制与报价，全国统一采用综合单价形式。通过制定统一的建设工程工程量清单计价方法、统一的工程量计量规则、统一的工程量清单项目设置规则，达到规范计价行为的目的。其综合单价中包含了工程直接费、工程间接费、利润等。如此综合后，工程量清单报价更为简捷，更适合招投标需要。

（2）规范性

工程量清单计价要求招投标人根据市场行情和自身实力编制标底与报价。通过采用计价规范，约束建筑市场行为。其规则和工程量清单计价方法均为强制性的，工程建设诸方必须遵守。具体表现在规定全部使用国有资金或以国有资金投资为主的大、中型建设工程应按照计价规范执行；并且明确了工程量清单是招标文件的组成部分，同时采用规定的标准格式来表述。

（3）自主性

通过由政府发布统一的社会平均消耗量指导标准，为企业提供一个社会平均水平，避免企业盲目或随意大幅度减少或扩大消耗量，从而达到保证工程质量的目的。并且将工程消耗量定额中的人工、材料、机械设备价格和利润、管理费全面放开，由市场的供求关系自行确定价格。投标企业根据招标文件的要求、自身的技术专长、材料采购渠道和管理水平等，制定企业自己的报价定额，自主报价。

（4）法定性

工程量清单计价具有合同化的法定性。从其统一性和规范性也可以体现出其法制特征。众多经验表明，合同管理在市场机制运行中作用非常重大。通过竞争形成的工程造价，以合同形式确定，合同约束双方在履约过程中的行为，工程造价要受到法律保护，不得任意更改。

（5）竞争性

在工程量清单计价模式下，企业可以实行自主报价，这就使得企业在投标过程中有了竞争。通过建立与国际惯例接轨的工程量清单计价模式，引入充分竞争形成价格的机制，制定衡量投标报价合理性的基础标准，在投标过程中，有效引入竞争机制，淡化标底的作用，在保证质量、工期的前提下，投标人可以根据企业的施工组织设计，视具体情况报价，为企业留有相应的竞争空间。按国家《招标投标法》及有关条款规定，最终以“不低于成本”的合理低价者中标。

1.3 工程量清单计价流程

明确了工程量清单计价的特点，再结合评标原则的一些改变，就可以明确工程量清单计价应遵循的流程。首先由招标文件中列出拟建工程的工程量表，即工程量清单，招标人给出一个合理的招标控制价，为投标人提供共同的报价基础。然后根据这个报价基础，投标人进行自主报价，即企业根据招标文件、工程量表、工程现场情况、施工方案、有关计价依据自行报价。应在确定中标人 14 天内，“招标人和中标人应按招标文件和中标人的投标文件订立书面合同”，进行工程计量，若工程量有误或施工中发生变化，工程量可以按实调整，但综合单价和规费与措施费一般不调整。业主对已完成工程量及调整工程量认定后，按中标单价支付。将所有的工程造价变更、调整、费用补偿都视为索赔，那么工程结算等于合同价加索赔，这时的工程结算已无须审查，按合同中所定单价、已认定工程量计算即可。工程量清单计价使工程款支付、造价调整、工程结算都变得相对简单。

工程量清单计价流程如图 1-2 所示。

- 工程量清单计价流工程
  - 招标方
    - 依据招标文件、定额资料、工程造价资料和指数以及建设项目特点等
      - 工程量清单
      - 招标控制价
  - 投标方
    - 依据招标文件、定额资料、工程量表、工程现场情况、施工方案、有关计价依据
      - 投标
      - 报价
  - 承发包方
    - 依据合同约定、相关法律法规、建设项目实施情况、工程现场情况等
      - 工程计量工程量调整
      - 合同价款支付索赔
  - 承发包方
    - 依据合同约定、相关法律法规、建设项目实施情况、工程现场情况等
      - 工程
      - 结算

图 1-2　工程量清单计价流程图

第 2 章　装饰工程定额计价

2.1　定额计价简述

定额计价是指根据招标文件，按照各国家建设行政主管部门发布的建设工程预算定额的“工程量计算规则”，同时参照省级建设行政主管部门发布的人工工日单价、机械台班单价、材料以及设备价格信息及同期市场价格，计算出定额直接费、间接费、利润和税金的计价方式。其中定额直接费是套取国家或地区预算定额求得，再以定额直接费为基础乘以费用定额的相应费率加上材料差价等，最终确定工程造价。

定额计价法是我们使用了几十年的一种计价模式，并作为法定性的依据强制执行，不论是工程招标编制标底还是投标报价均以此为唯一的依据，承发包双方共用一本定额和费用标准确定标底价和投标报价，一旦定额价与市场价脱节就影响计价的准确性。在定额计价模式下，建设工程造价的确定是以国家或地区所发布的预算定额为核心，最后所确定的工程造价实际上是社会信息平均价。定额计价是建立在以政府定价为主导的计划经济管理基础上的价格管理模式，它所体现的是政府对工程价格的直接管理和调控。随着市场经济的发展，我们曾提出过“控制量、指导价，竞争费”、“量价分离”、“以市场竞争形成价格”等多种改革方案。但由于没有对定额管理方式及计价模式进行根本的改变，以至于未能真正体现量价分离，以市场竞争形成价格。也曾提出过推行工程量清单报价，但实际上由于目前还未形成成熟的市场环境，一步实现完全开放的市场还有困难，有时明显的是以量补价、量价扭曲，所以仍然是以定额计价的形式出现，摆脱不了定额计价模式，不能真正体现企业根据市场行情和自身条件自主报价。

2.2　定额计价组成及特点

1. 定额计价组成

定额计价的基本构成是指按照国家有关的产品标准、设计规划和施工验收规范、质量评定标准，并参考行业、地方标准以及有代表性的工程设计、施工资料确定的工程建设过程中完成规定计量单位产品所消耗的人工、材料、机械等消耗量的标准。反映在一定的社会生产力发展水平下，完成某项建设工程的各种生产消耗量之间特定的数量关系，考虑的是正常的施工条件、大多数施工企业的技术装备程度、合理的施工工期、施工工艺和劳动组织下的社会平均消耗水平。

在定额计价模式下，建筑工程造价由直接工程费、间接费、利润和税金组成。

（1）直接工程费

定额计价模式下直接工程费是由直接费和现场经费组成。其中，直接费包括人工费、材料费和机械费。直接费按照预算定额乘以单价再乘以实物工程量计算，现场经费以直接费乘以取费定额规定费率求得。

（2）间接费

建筑安装工程间接费是指建筑安装企业为组织施工和从事经营管理，以及间接为建筑安装工程生产服务的各项费用。主要包括企业管理费、财务费和其他费用，是按相应的计算基础乘以取费费率确定的。

（3）利润

建筑安装工程费用中的利润是指按规定应计入建筑安装工程造价的利润，是按相应的计费基础乘以利润率确定的。

（4）税金

建筑安装工程费用中的税金是指国家税法规定的应计入建筑安装工程费用的营业税、城市维护建设税及教育费附加。它的计费基础是直接工程费加间接费加利润，然后乘以税率就可以求得税金。

2. 定额计价特点

定额计价采用传统的计价模式，在现有的工程项目中存在一定的弊端，在建设市场交易过程中，定额计价制度与市场主体要求拥有自主定价权之间存在一定的矛盾和冲突，定额计价相对比较死板、难调节。定额计价的特点如下：

（1）浪费了大量的人力、物力，招投标双方存在着大量的重复劳动。

（2）投标单位的报价按统一定额计算，不能按照自己的具体施工条件、施工设备和技术专长来确定报价；不能按照自己的采购优势来确定材料预算价格；不能按照企业的管理水平来确定工程的费用开支；企业的优势体现不到投标报价中。

（3）总价承包的工程，按图纸计算变更增减工程量，按相关定额子目和投标报价确定的各项费用进行计算。

（4）费率承包的工程，应按实际完成工程量（即图纸加变更加签证）和承包费率结算。

2.3　定额计价流程

长期以来我国一直采用定额计价模式，即按预算定额规定的分部分项子目，逐项计算工程量，套用预算定额单价（或单位估价表）确定直接费，然后按规定的取费标准确定其他直接费、现场经费、间接费、计划利润和税金，加上材料调差系数和适当的不可预见费，经汇总后即为工程预算或标底，而标底则作为评标定标的主要依据。

编制建筑工程造价最基础的过程有两个：工程量计算和工程计价。为了统一，工程量的计算均按照统一的项目划分和工程量计算规则计算。工程量确定以后，就可以按照一定的方法确定出工程的成本及盈利，最终就可以确定出工程预算造价（或投标报价）。概预算的单位价格的形成过程，就是依据概预算所确定的消耗量乘以定额单价或市场价，经过不同层次的计算达到量与价的最优结合过程。

我们可以用公式来进一步表明确定建筑产品价格定额计价的基本流程：

（1）每一计量单位建筑产品的基本构造要素（假定＝人工费＋材料费＋施工机械使用费建筑产品）的直接费单价

式中：人工费＝∑（人工工日数量×人工日工资标准）

材料费＝∑（材料用量×材料预算价格）

机械使用费＝∑（机械台班用量×台班单价）

（2）单位直接工程费＝∑（假定建筑产品工程量×直接费单价）＋其他直接费＋现场经费

（3）单位工程概预算造价＝单位直接工程费＋间接费＋利润＋税金

（4）单项工程概算造价＝∑单位工程概预算造价＋设备、工器具购置费

（5）建设项目全部工程概算造价＝∑单项工程的概算造价＋有关的其他费用＋预备费

2.4　工程量清单计价与定额计价的区别和联系

1. 工程量清单计价与定额计价的联系

现行定额或准备重新编制的定额是工程量清单计价的基础。不管是工程量清单计价还是定额计价都是采用从下而上分部组合的计价方法。传统观念上的定额包括工程量计算规则、消耗量水平、单价、费用定额的项目和标准，而现在谈及的工程量清单计价与定额关系中的“定额”，仅特指消耗量水平（标准）。原来的定额计价是以消耗量水平为基础，配上单价、费用标准等用以计价。而工程量清单虽然也以消耗量水平作为基础，但是单价、费用的标准等，政府都不再作规定，而是由“政府宏观调控，市场形成价格”。虽然同样是以消耗量标准为基础，但两者区别是很大的。当然，就目前阶段而言，在企业还没有或没有完整的定额的情况下，政府还需要继续发布一些社会平均消耗量定额供大家参考使用。这也便于从定额计价向工程量清单计价的转移。

另外，要理解工程量清单与定额的关系，还涉及一个问题，那就是“量价分离”。量价分离是工程造价管理工作改革中的一个热点，一些定额的重新修编或是有一些改革举措的出台，经常会遭遇到这样的提问，“是不是量价分离了？”本来，量价分离所表达的意思，是政府定价已经取消，量价合一的模式必须改革，是对改革的一个总体要求。随着工作的具体化，一些地方的新版定额不再出现基价或合价。这本是一种表现形式，也都引发争议。主张列出“基价”的同志认为，应从方便操作的原则考虑及满足长期的习惯经验。我认为，上述做法从程序步骤上来看是可行的，结果目的也能达到，项目编码、项目名称、计量单位和计算规则的四统一要求也是能够满足的，这个问题解决了，计价规范和定额衔接上了，推广工程量清单计价和综合单价法将是非常顺利的。

工程量清单计价与定额计价的具体联系见表2-1。

2. 工程量清单计价与定额计价的区别

首先工程量清单计价和定额计价的本质区别是定价阶段的不同，而其最根本的区别是两者的计价依据不同。工程量清单计价的主要依据是企业定额，包括企业生产要素消耗量

工程量清单计价与定额计价的联系　　表 2-1

	定额计价	工程量清单计价
工程造价计价方法	从下而上分部组合计价	从下而上分部组合计价
单位工程基本构造要素	定额项目	清单项目
工程量计算规则	各类工程定额规定的计算规则	国家标准《建设工程工程量清单计价规范》GB 50500—2013 各附录中规定的计算规则
分项工程单价	指概、预算定额基价，通常是指工料单价，仅包括人工、材料、机械台班费用	指综合单价，包括人工费、材料费、机械台班费，还包括企业管理费、利润和一定范围内的风险因素

标准、材料价格、施工机械配备及管理状况、各项管理费支出标准等。它的本质是要改变政府定价模式，建立起市场形成造价机制，只有计价依据个别化，这一目标才能实现。

其次在项目设置上也有很大差别，按定额计价的工程项目划分原则是按工程的不同部位、不同材料、不同工艺、不同施工机械、不同施工方法和材料规格型号，划分十分详细。工程量清单计价的工程项目划分较之定额项目的划分有较大的综合性，一般是按综合实体进行分项的，每个分项工程一般包含多项工程内容。这样能够有效地减少原来定额对于施工企业工艺方法选择的限制，报价时有更多的自主性。

另外在工程量的编制主体、单价的组成、报价的组成、适用阶段、合同价格的调整方式、实体性损耗与措施性损耗的分离问题以及反映水平等方面也存在着很大的区别。下面主要分析一下实体性损耗与措施性损耗的分离问题。

定额计价未区分施工实物性损耗与施工措施性损耗。工程量清单计价把施工措施与工程实体项目进行分离，把施工措施消耗单列并纳入了竞争的范畴。清单计价规范的工程量计算规则的编制原则一般以工程实体的净尺寸计算，没有包含工程量合理损耗，这是定额计价与清单计价工程量计算规则的本质区别。作这种划分的考虑是将施工过程中的实体性消耗和措施性消耗分开，对于措施性消耗费用只列出项目名称，由投标人根据招标文件要求和施工现场情况、施工方案自行确定，以体现出以施工方案为基础的造价竞争。

工程量清单计价与定额计价的具体区别见表 2-2。

工程量清单计价与定额计价的区别　　表 2-2

	定额计价	工程量清单计价
定价阶段	介于国家定价和国家指导价之间	市场定价阶段
主要计价依据	国家、省、有关专业部门制定的各种定额	《建设工程工程量清单计价规范》GB 50500—2013
计价依据的性质	指导性	含有强制性条文的国家标准
项目设置	按施工工序分项	按“综合实体”进行分项的
分项工程所含内容	单一的	包含多项工程内容
编制工程量的主体	由招标人和投标人分别按图计算	由招标人统一计算或委托有关工程造价咨询资质单位统一计算
单价的组成	人工费、材料费、机械台班费	人工费、材料费、机械使用费、管理费、利润，并考虑风险因素

续表

	定额计价	工程量清单计价
报价的组成	定额计价法的报价	由分部分项工程量清单、措施项目清单、其他项目清单、规费税金项目清单组成
适用阶段	在项目建设前期各阶段对于建设投资的预测和估计；交易阶段，价格形成的辅助依据	合同价格形成以及后续的合同价格管理阶段
合同阶段的调整方式	变更签证、定额解释、政策性调整	一般情况下单价是相对固定的
是否区分施工实体性损耗和施工措施性损耗	未分离	把施工措施与工程实体项目进行分离，把施工措施性消耗单列并纳入竞争的范畴
反映水平	社会平均价	企业自主报价，个别价

第 3 章　装饰工程常用图例

3.1　装饰工程常用基本图例

此图例只规定常用建筑装饰材料的图例画法，对其尺度比例不做具体规定。当选用的建筑装饰材料不在本标准的图例中，可自编图例，自编图例不得与本标准的图例重复，绘制时应在适当位置画出该材料图例，并加以说明。

常用建筑装饰材料图例的绘制应符合表 3-1 的规定。

常用建筑装饰材料图例表　　表 3-1

序号	名　称	图　例	说　明
1	混凝土		1. 本图例指能承重的混凝土及钢筋混凝土，包括各种强度等级、骨料、添加剂的混凝土 2. 在剖面图上画出钢筋时，不画图例线 3. 断面图形小，不易画出图例线时，可涂黑
2	钢筋混凝土		
3	加气混凝土		包括非承重砌块、承重砌块、保温块、墙板与屋面板等
4	水泥砂浆		1. 本图例指素水泥浆及含添加物的水泥砂浆，包括各种强度等级、添加物及不同用途的水泥砂浆 2. 水泥砂浆配比及特殊用途应另行说明
5	石材		包括各类石材
6	普通砖		包括实心砖、多孔砖、砌块等砌体
7	饰面砖		包括墙砖、地砖、马赛克、人造石等
8	木材		左图为木砖、垫木或木龙骨，中图和右图为横断面

续表

序号	名　称	图　例	说　明
9	胶合板		人工合成的多层木制板材
10	细木工板		上下为夹板，中间为小块木条组成的人工合成的木制板材
11	石膏板		包括纸面石膏板、纤维石膏板、防水石膏板等
12	硅钙板		又称复合石膏板，具有质轻、强度高等特点
13	矿棉板		由矿物纤维为原料制成的轻质板材
14	玻璃		1. 包括各类玻璃制品 2. 安全类玻璃应另行说明
15	地毯		1. 包括各种不同组成成分及做法的地毯 2. 图案、规格及含特殊功能的应另行说明
16	金属		1. 包括各种金属 2. 图形较小，不易画出图例线时，可涂黑
17	金属网		包括各种不同造型、材料的金属网
18	纤维材料		包括岩棉、矿棉、麻丝、玻璃棉、木丝板、纤维板等
19	防水材料		构造层次多或比例大时，采用上面图例

注：图例中的斜线一律为45°。

常用建筑装饰工程灯具图例如表3-2所示。

常用建筑装饰工程灯具图例　　表3-2

序号	名　称	图　例	备　注
1	筒灯	(1) (2) (3)	(1)表示普通型嵌入式安装 (2)表示普通型明装式安装 (3)表示防雾、防水型嵌入式安装

续表

序号	名　　称	图　　例	备　　注
2	方形筒灯	(1)	(1)表示普通型嵌入式安装 (2)表示普通型明装式安装 (3)表示防雾,防水型嵌入式安装
		(2)	
		(3)	
3	射灯	(1)	
		(2)	
		(3)	
4	调向射灯	(1)	(1)表示普通型嵌入式安装 (2)表示普通型明装式安装 (3)表示防雾、防水型嵌入式安装 应明确照射方向
		(2)	
		(3)	
5	单头格栅射灯	(1)	(1)表示普通型嵌入式安装 (2)表示普通型明装式安装
		(2)	
6	双头格栅射灯	(1)	
		(2)	
7	导轨射灯		应明确灯具数量

续表

序号	名　称	图　例	备　注
8	方形日光灯盘		图中点划线为灯具数量及光源排列方向
9	条形日光灯盘		
10	日光灯支架		
11	暗藏发光灯带		(1)上图为平面表示 (2)下图为剖面表示
12	吸顶灯		安装在顶面的普通灯具
13	造型吊灯		安装在顶面，以造型为主的灯具
14	壁灯		安装在垂直面上的灯具
15	落地灯		地面可移动的灯具
16	地灯		(1)表示普通型嵌入式安装 (2)表示普通型明装式安装

3.2　室内装饰常用平面图例

在装饰工程中，室内装饰占了很大比重，对室内装饰常用平面图例的识别在装饰工程识图中尤为重要。

室内装饰常用平面图例的绘制应符合表 3-3 的规定。

室内装饰常用平面图例　　**表 3-3**

图　例	说　明	图　例	说　明
	双人床		立式小便器

续表

图　　例	说　　明	图　　例	说　　明
	单人床		装饰隔断(应用文字说明)
	沙发(特殊家具根据实际情况绘制其外轮廓线)		玻璃护栏
	坐凳	ACU	空调器
	桌		电视
	钢琴		洗衣机
	地毯	WH	热水器
	盆花		灶
	吊柜		地漏
食品柜 茶水柜　矮柜	其他家具可在柜形或实际轮廓中用文字注明		电话
	壁柜		开关(涂黑为暗装,不涂黑为明装)
	浴盆		插座
	坐便器		配电盘
	洗脸盆		电风扇
	壁灯		吊灯
	洗涤器		污水池
	淋浴器		蹲便器

第 4 章　装饰工程图纸分析

4.1　图纸编排顺序

装饰图纸是用于表达建筑物室内外装饰美化要求的图样。它以透视效果图为主要依据，采用正投影等投影方法反映建筑物的装饰结构、装饰造型、饰面处理，以及家具、织物、陈设、绿化等布置内容。

装饰图纸是在建筑图纸的基础上，结合环境艺术设计的要求，更详细地表达了建筑空间的装饰做法及整体效果，它既反映了墙、地、顶棚三个界面的装饰构造、造型处理和装饰做法，又表示了家具、织物、陈设、绿化等布置。

建筑装饰工程图由效果图、装饰图纸和室内设备施工图组成，也分基本图和详图两部分。基本图一般包括装饰平面图、装饰立面图、装饰剖面图，详图包括装饰构配件详图和装饰节点详图。

装饰平面图包括装饰平面布置图和顶棚平面图。装饰平面布置图表示的是建筑平面图的有关内容，包括建筑平面图上由剖切引起的墙柱断面和门窗洞口、定位轴线及其编号、建筑平面结构各部分的尺寸、室外台阶、雨篷、花台、阳台及室内楼梯和其他细部布置等内容。它主要是用来表明建筑室内外各种装饰布置的平面形状、所在位置、大小和所用材料的情况，表明这些装饰布置与建筑主体结构之间的关系以及布置与布置之间的关系等。

装饰立面图主要展示不同方向建筑的立面效果，结合平面图纸给读者更加直观立体的感受。

装饰剖面图主要表明室外装饰部位和空间的内部结构的情况，或者装饰结构与建筑结构、结构材料与饰面材料之间的构造关系等。

详图主要显示在平面图上不易看到的一些细节，例如雨篷、散水等的具体做法等，有利于读者了解工程的局部装饰效果。

建筑装饰工程图纸的编排，一般应为封面、图纸目录、设计说明、建筑装饰设计图。

当涉及结构、市政给水排水、采暖空调、电气等专业内容时，应由具备相应专业资质的设计单位设计的专业图纸，其编排顺序为结构图、给水排水图、采暖空调图、电气图……

建筑装饰工程图纸的编排顺序原则是：表现性图纸在前，技术性图纸在后；装饰施工图在前，室内配套设备施工图在后；基本图在前，详图在后；先施工的在前，后施工的在后。

4.2　某住宅楼精装图纸分析

1. 工程简介

该工程为某两层住宅，设计耐火等级为一级，地震设防烈度为 7 度，结构类型为框架结构。室内设计绝对标高为±0.000，相对标高83.500m（黄海水平面）。建筑地上两层，设计耐久年限为50年，该住宅共设有一部楼梯，建筑屋面为不上人屋面。

（1）该工程中，门窗均采用塑钢门窗，带纱窗，均为双玻窗；基础为C30现浇混凝土柱下独立基础，基础地梁沿横向布置，基础连系梁沿纵向布置，为便于施工，设计要求施工时挖土宽度自基础垫层外边线向外扩挖0.3m，深度均为1.6m（自C10混凝土垫层底算起，C10混凝土垫层厚100mm），室内外高差为0.45m。

（2）本工程外墙均采用240mm厚的混凝土砌块，以上墙体均采用M7.5水泥砂浆砌筑。

（3）环境类别为一类，基础C30混凝土、保护层15mm，板C30混凝土、保护层15mm，梁C30混凝土、保护层25mm，柱C30混凝土、保护层30mm。

（4）雨篷的设置：设置在高于外门300mm处，雨篷宽为每边比门延长300mm，雨篷挑出长度为1200mm，雨篷板最外边缘厚100mm，内边缘厚150mm（外墙外边缘处），雨篷梁宽同墙厚为240mm，高300mm，雨篷梁长为沿雨篷宽每边增加500mm。门窗过梁：门窗过梁高为200mm，厚度同墙厚为240mm，长度为沿门宽度每边延伸300mm计算。

门窗表见表4-1。

门窗表　　**表4-1**

类型	设计编号	洞口尺寸(mm)	数量		
			1层	2层	合计
门	M—2	800×2100	4	4	8
	M—3	1000×2100	2	2	4
	M—4	900×2100	4	4	8
子母门	M—1	1800×2000	1	—	1
窗	C—1	1800×1500	4	4	8
	C—2	1500×1500	2	3	5
	C—3	1000×1500	2	2	4

2. 图纸分析

该住宅楼图纸如图4-1～图4-32所示。其内容包括底层、二层平面图，一二层地面装饰图，一二层顶棚装饰图，三个方向的装饰立面图，装饰剖面图，一二层梁、散水平面布置图和节点详图（楼梯、女儿墙、防滑坡道、窗台板、雨篷板、卫生间）等。其中图示方法、尺寸标注、图例代号等与建筑类图纸基本相同，其制图与表达遵守现行建筑制图标准的规定。

（1）平面图

1）装饰平面图

本住宅楼的一层平面图如图4-1所示。

一层平面图表达了该住宅楼底层各房间的平面位置、墙体平面位置以及相互间轴线的尺寸位置、门窗洞口的平面布置位置及大小，还表达出了楼梯平面、散水平面等。底层装饰平面布置图还标明了室内家具、陈设、配套产品等配套实体的平面形状、数量和位置。这些布置当然不能将实物原形画在平面布置图上，只能借助一些简单、明确的图例来表示。

一层平面图左上角有指北针，箭头指向为北。

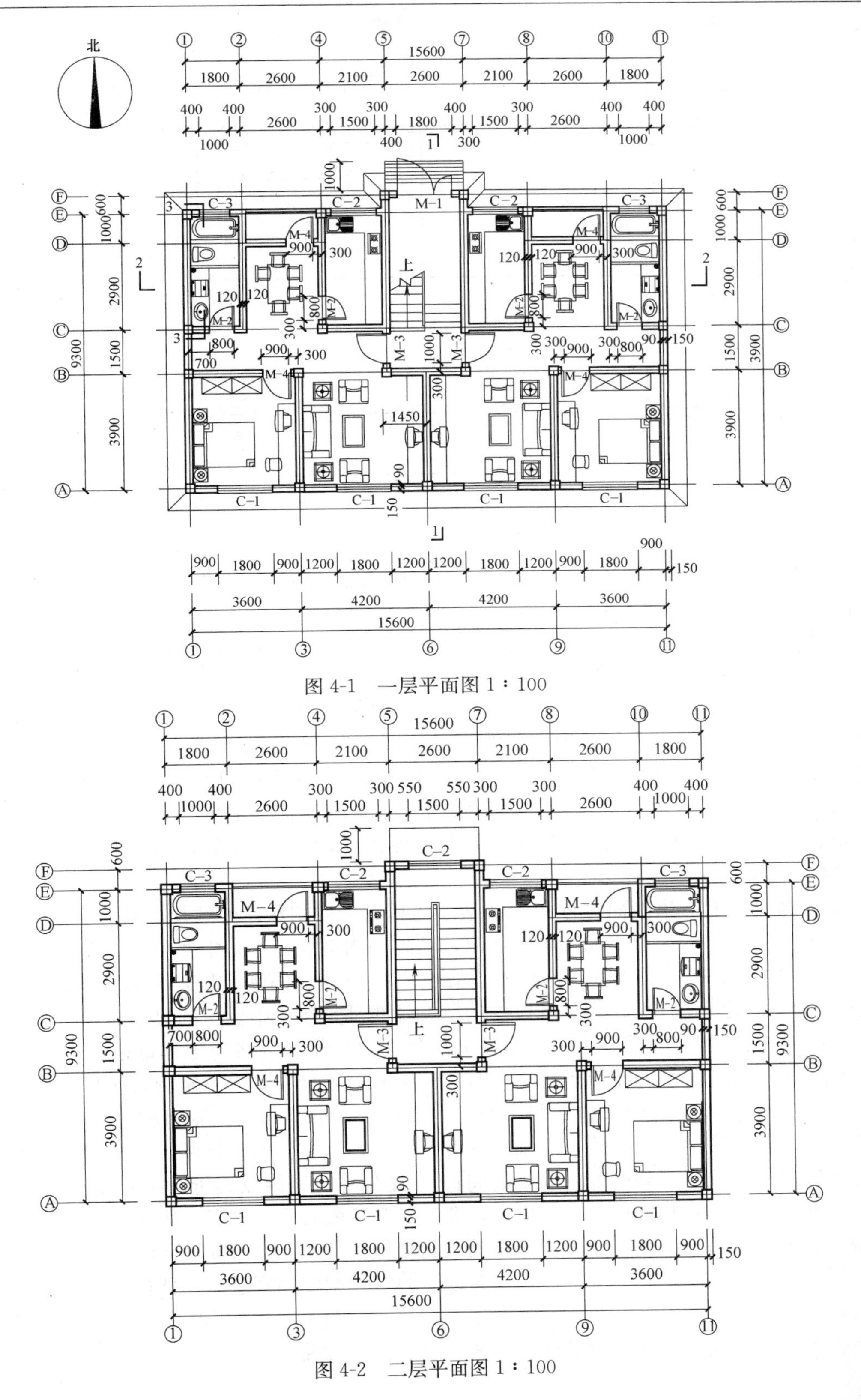

图 4-1 一层平面图 1：100

图 4-2 二层平面图 1：100

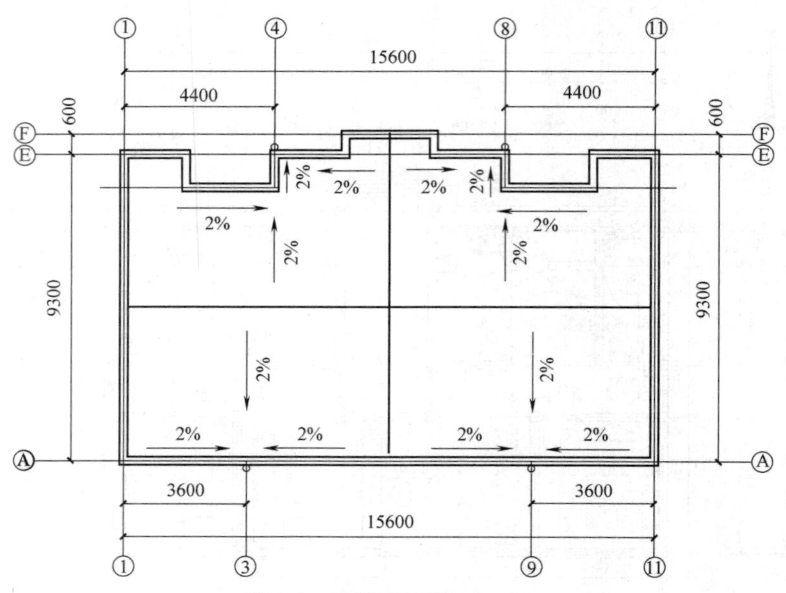

图4-3　屋顶平面图　1∶100

从图中可以明显看出，此住宅楼为一梯两户住宅，均为一室两厅，即一间客厅、一间餐厅、一间卧室，另有厨房、卫生间各一间。

此楼两户对称分布，开间、进深以及房间布置均相同。客厅开间4200mm，进深3900mm，无门只有空圈，有C—1外窗，内部布置有两短一长沙发、茶几、电视等家具。餐厅开间2600mm，进深3900mm，有M—4内门，一个开间2600mm、进深1000mm的阳台，餐厅内摆放有六个餐椅和一张餐桌。卧室开间3600mm，进深3900mm，有M—4内门、C—1外窗，内部布置有双人床、吊柜、电视等。厨房开间2100mm，进深3900mm，有M—2内门、C—2外窗，室内有一个洗涤池。卫生间开间1800mm，进深3900mm，有M—2内门、C—3外窗，室内有浴盆、坐便器和洗脸盆各一件。

这两户的户门为M—3。

通过楼梯间有一道剖面符号1—1，表示该楼的剖面图从此处剖开，从右往左剖视。

补充说明：①从一层平面图可以看出，其外围的轴线并不是中到中尺寸设置的，而是按照：外/内＝150/90设置的，这样的设置会直接影响到内墙装饰，包括踢脚线、墙裙、内墙抹灰等的工程量计算；而外围以内的所有轴线都是按照中到中的尺寸布置的。

② 在柱与墙相接的部分，柱子如果突出墙面，其装饰装修的工程量是可以相互抵消计算的，即把柱子的工程量算到墙上，其装饰装修工程量在套清单定额时执行墙的子目。

③ 在计算内墙装饰面（包括踢脚线、内墙抹灰、墙裙等）工程量时，由于它们计算规则相同，都是按照设计图示长度乘以高度计算的，且它们的设计图示尺寸相同，我们可以先计算其设计尺寸（即所处的墙面的周长），然后再分别乘以其所对应的高度即可。

上面的设计尺寸我们可以计算出来，高度的来源就有点不同了，踢脚线、墙裙的高度一般会在题里直接给出来，而内墙抹灰或粘瓷砖的高度就要结合立面图看了，因为它们的工程量是地面与顶棚之间的净空面积，在计算的时候就要用到层高、楼板厚度的数据，层高可以在立面图中看出来（基本上每个立面图都会有层高）；楼板厚度，有板平面图的直接在板平面图中找到，没有板平面图的话题意里会有所说明。

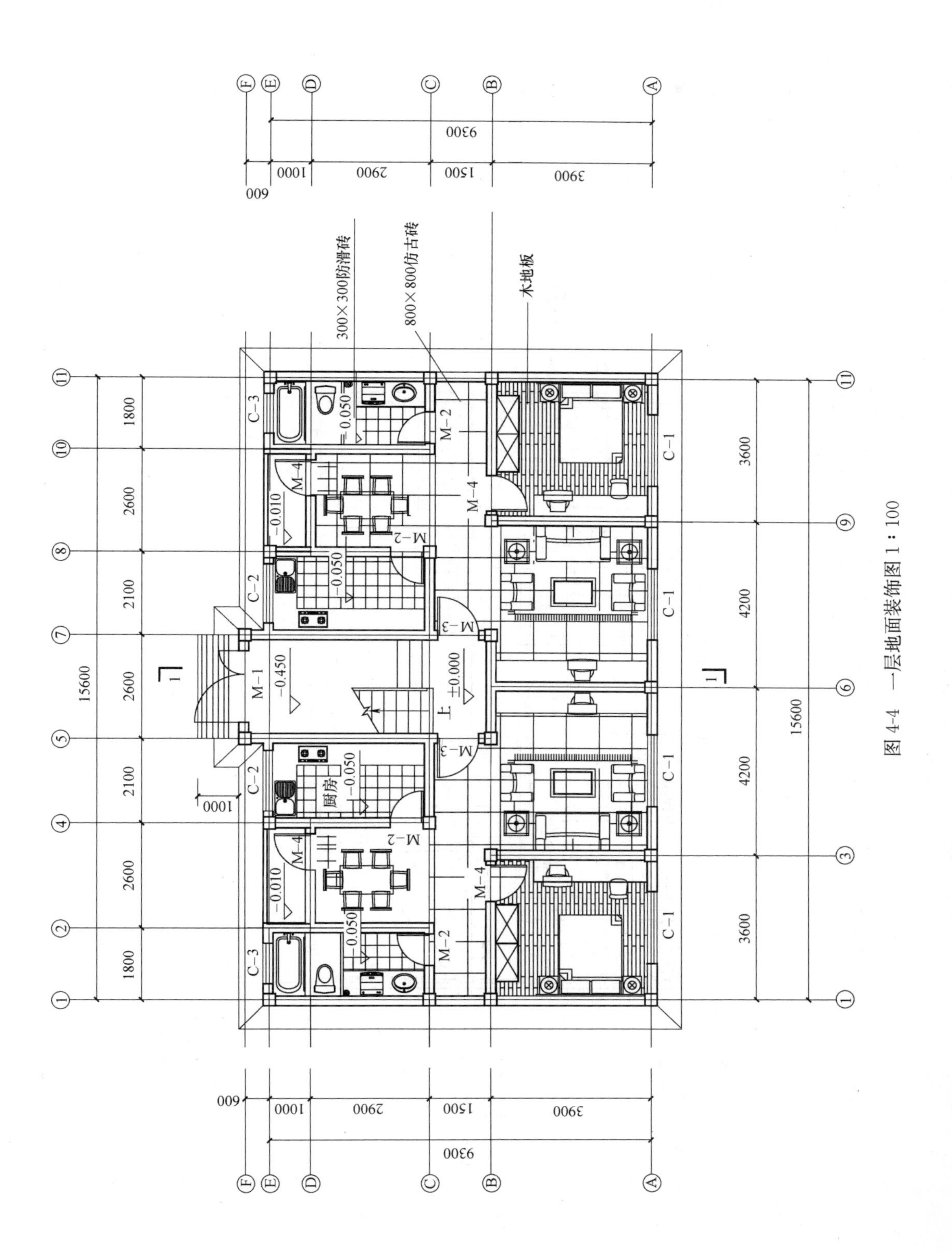

图 4-4 一层地面装饰图 1∶100

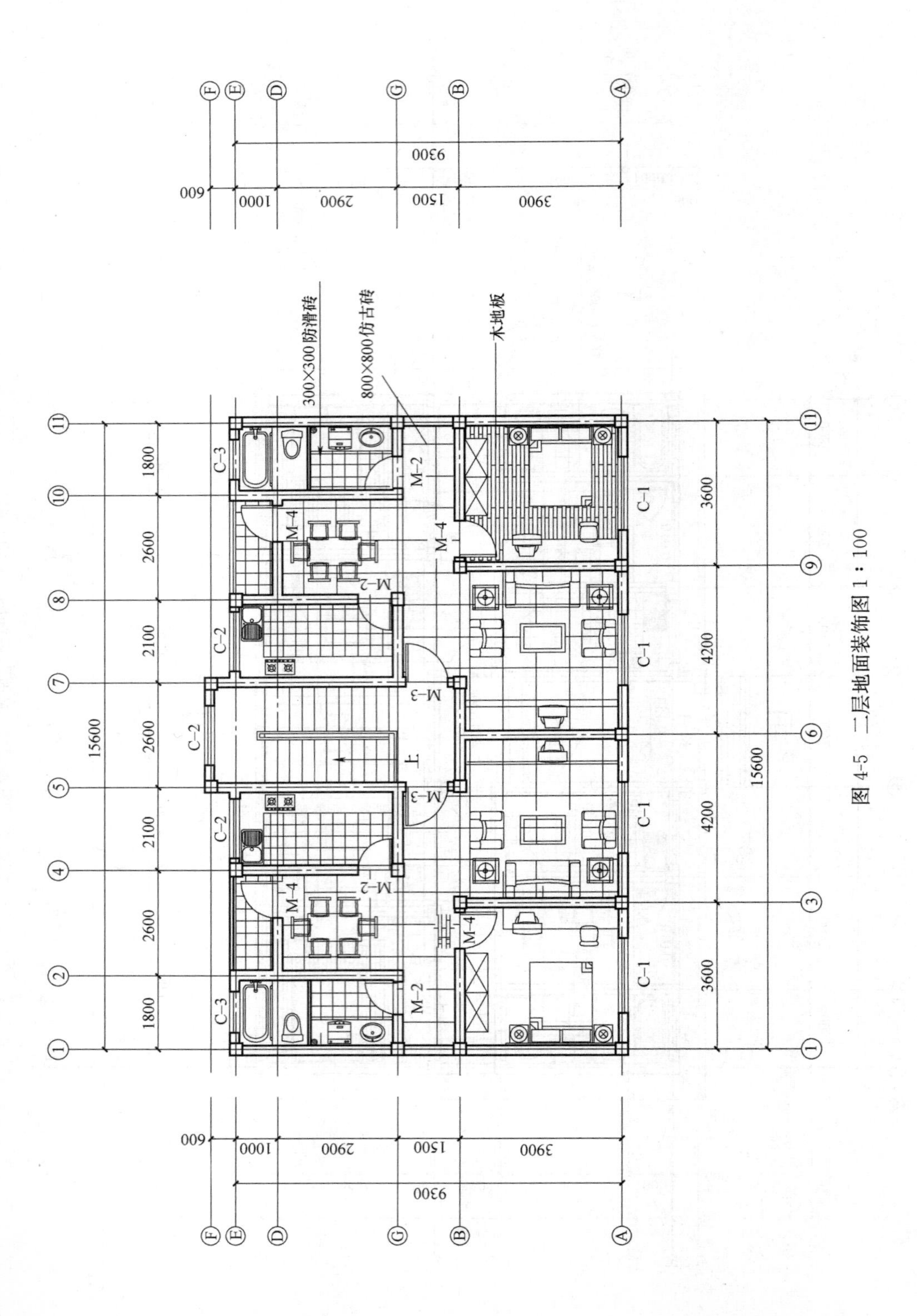

图 4-5　二层地面装饰图 1：100

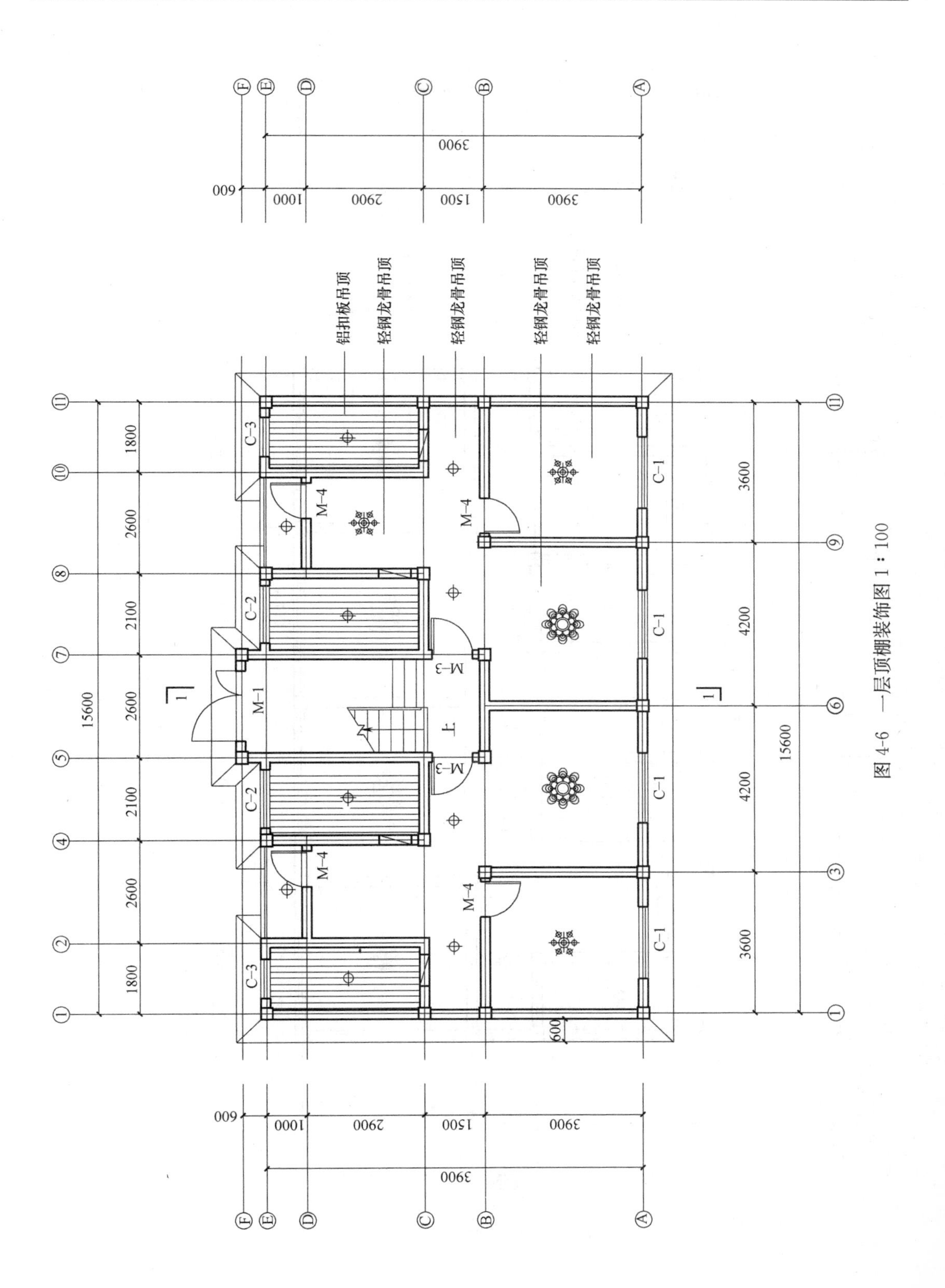

图 4-6 一层顶棚装饰图 1：100

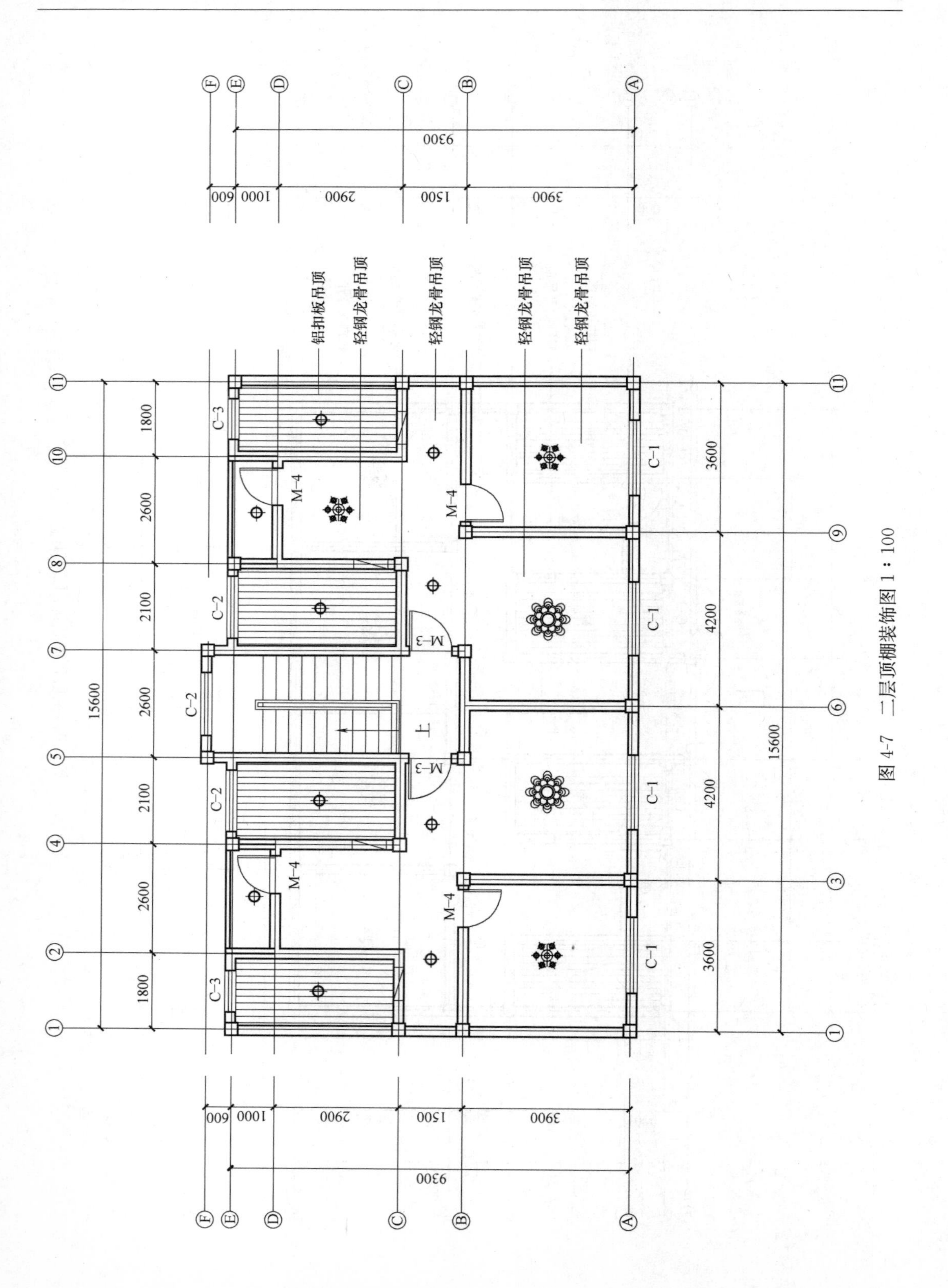

图 4-7　二层顶棚装饰图 1：100

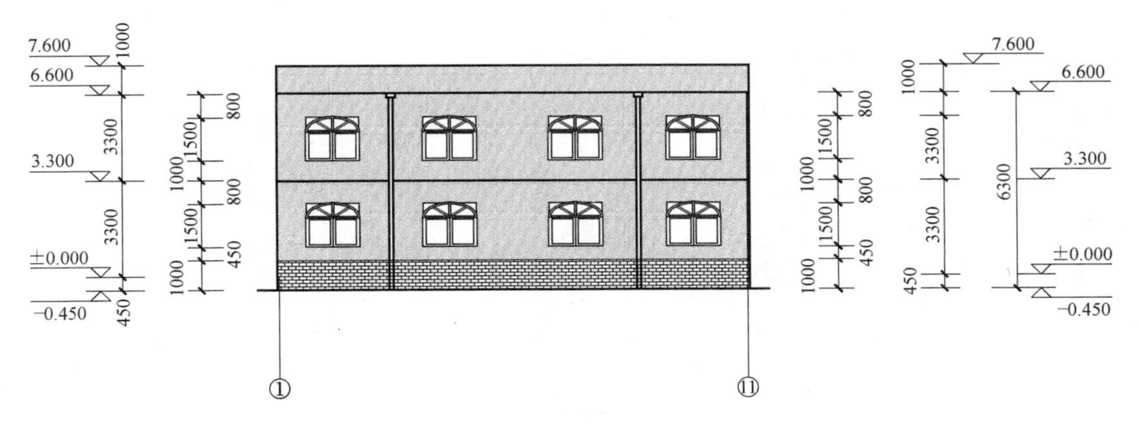

图 4-8 正立面墙面装饰图 1∶100

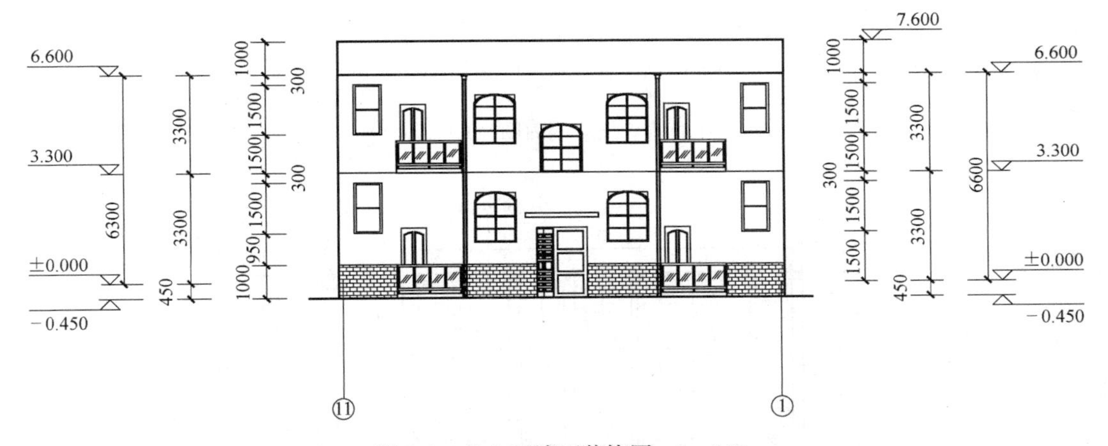

图 4-9 北立面墙面装饰图 1∶100

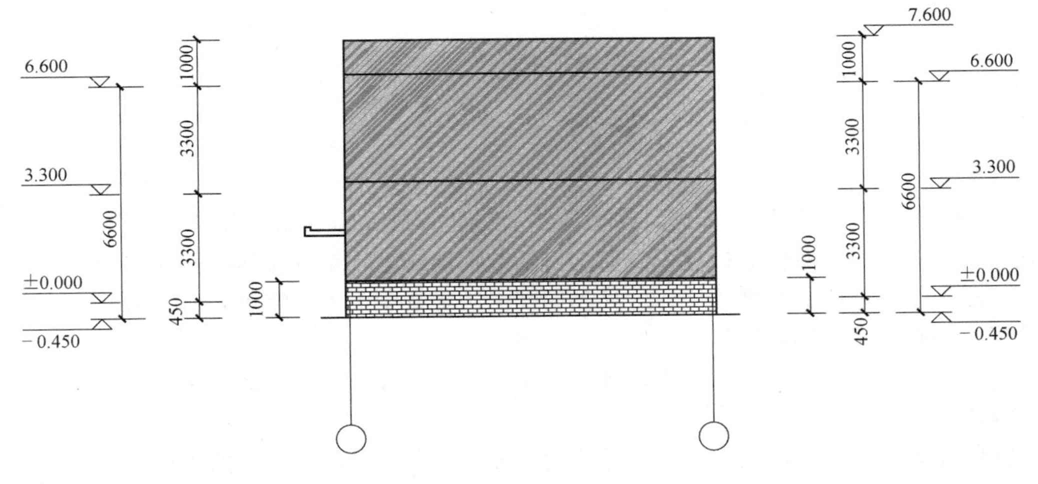

图 4-10 左立面装饰图 1∶100

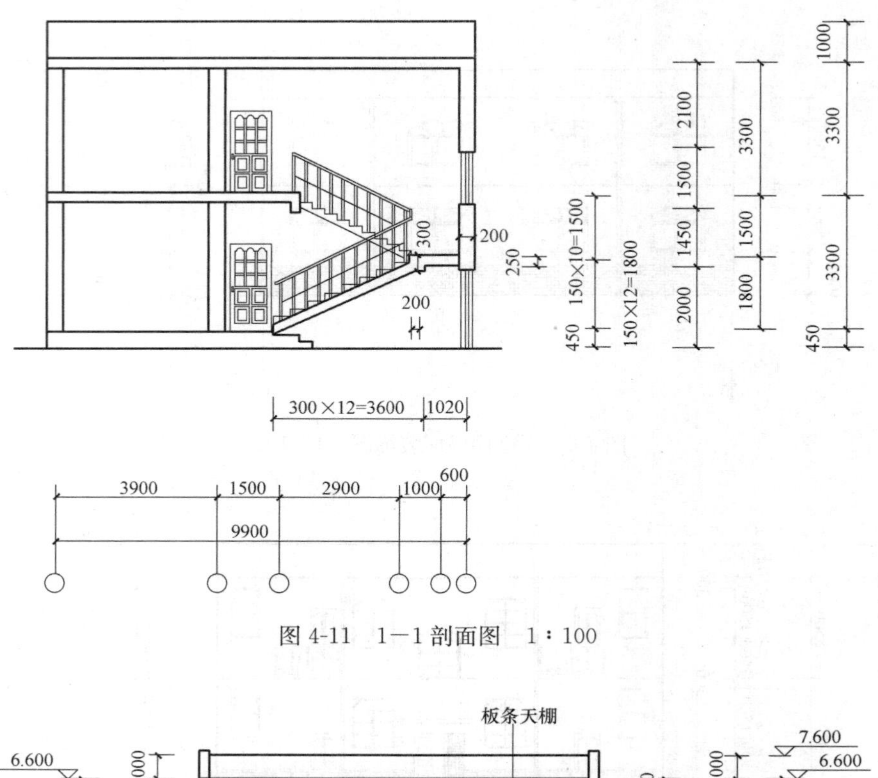

图 4-11　1—1 剖面图　1：100

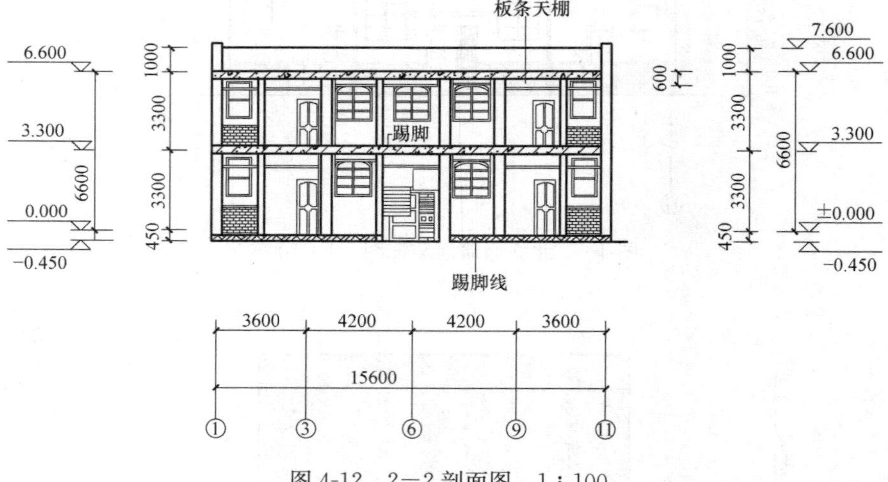

图 4-12　2—2 剖面图　1：100

④ 做装饰装修工程量计算时，既不能少算，也不能重复计算，所以，计算区间的划分是很重要的。一般我们会把位于门窗洞口的装饰装修工程量（包括门侧面，门口地面的墙面、踢脚线、地面的装饰装修）计算到房间的工程量中而不是算到走廊工程量上，清晰的计算思路有助于我们对算量有准确性的把握。

需要注意的是，在这张图纸中，餐厅与走廊相邻的部位没有墙体，客厅则是只有一小部分墙体。

在装饰装修工程中，门窗表同样是比较重要的部分：①门窗洞口的工程量计算数据主要来源于门窗表，包括门窗的尺寸、门窗的类型标号、数量等。其工程量计算的主要用途有三个：门窗工程量本身（包括成品门窗、小五金、门窗油漆工程量）、装饰装修工程量中的扣减问题、窗帘盒（成品窗帘盒＋油漆）的计算。比如内外墙的装饰装修工程量，在计算墙面的整体面积后需要扣减门窗洞口的工程量，这样算出来的工程量才是内外墙装饰的实际工程量。

② 在计算门窗工程量的时候我们就要想到门窗窗台板的问题，有窗台板的同样也需要计算窗台板的装饰装修工程量。

2）地面装饰平面图

此住宅楼的地面装饰平面图如图 4-4、图 4-5 所示。

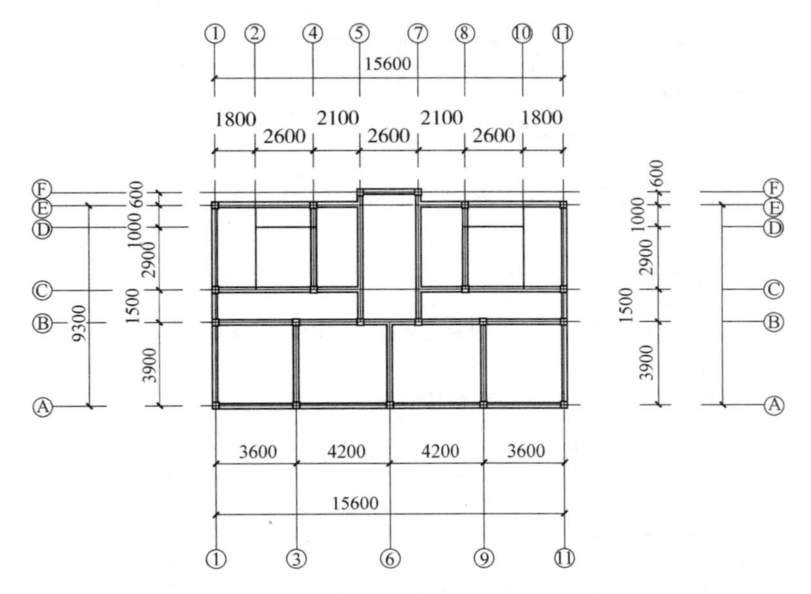

图 4-13 一二层梁平面布置图 1∶100

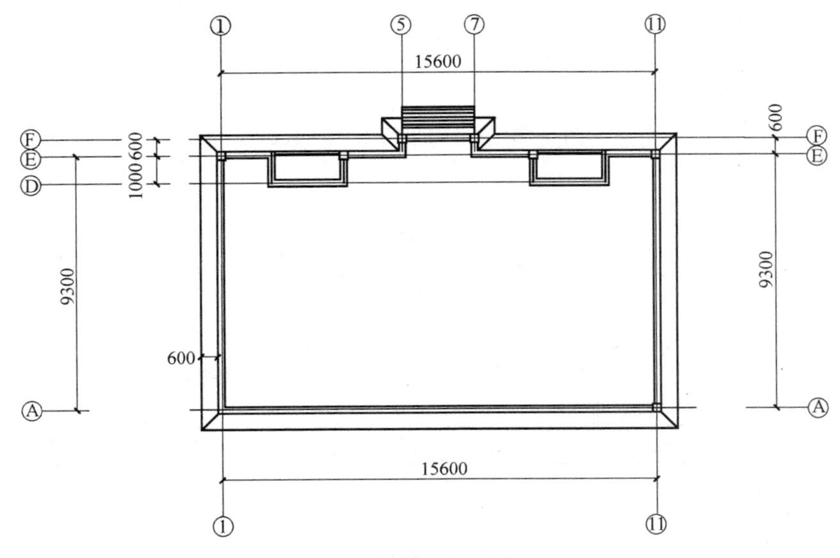

图 4-14 散水平面布置图 1∶100

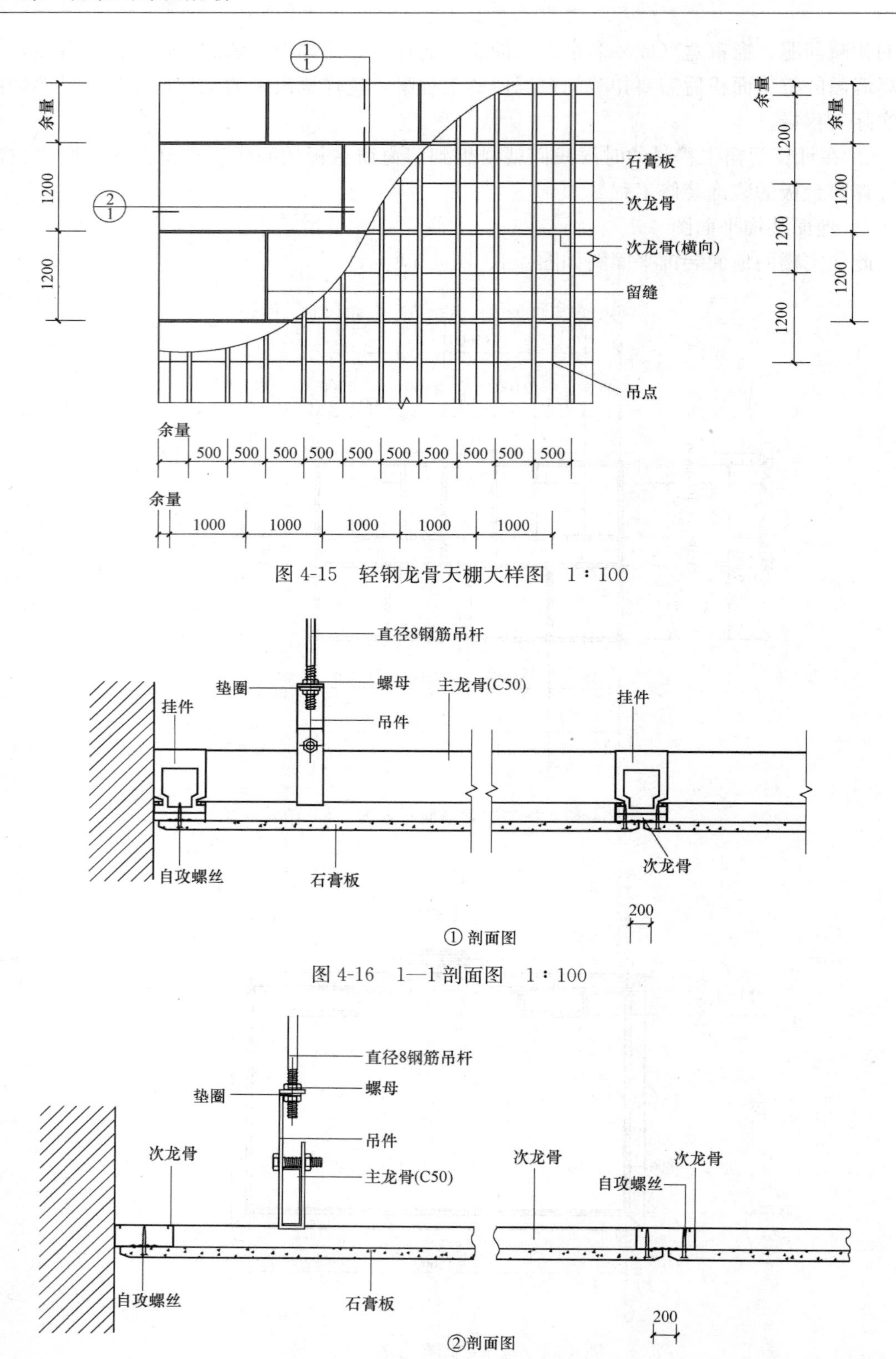

图 4-15　轻钢龙骨天棚大样图　1∶100

图 4-16　1—1 剖面图　1∶100

图 4-17　2—2 剖面图　1∶100

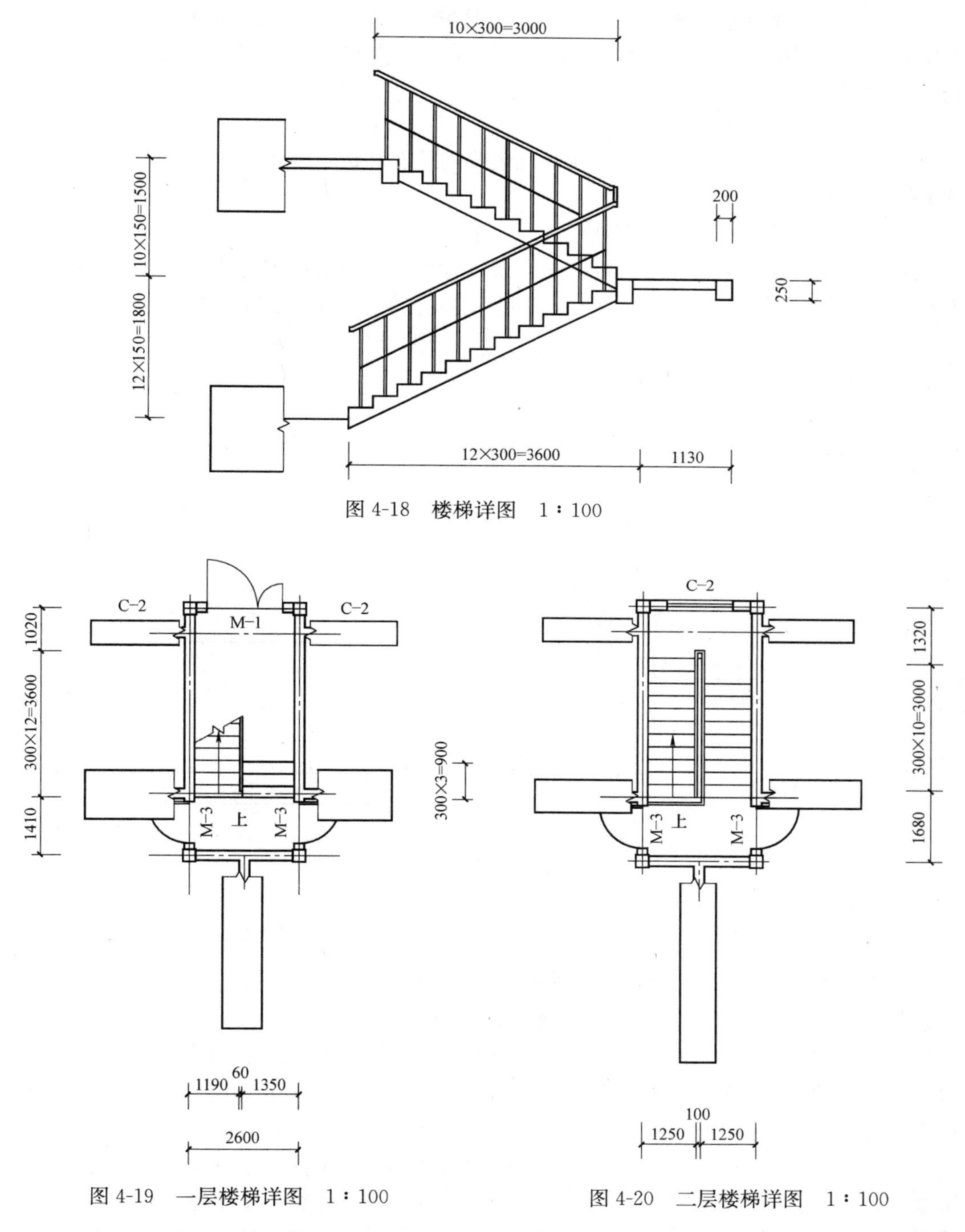

图 4-18 楼梯详图 1∶100

图 4-19 一层楼梯详图 1∶100

图 4-20 二层楼梯详图 1∶100

从图中可以看出，卧室地面铺设木地板，走廊、客厅、餐厅铺设 800×800 仿古砖，厨房和卫生间地面均铺设 300×300 防滑砖。

补充说明：①楼地面整体和块料面层按图示设计尺寸以面积计算，扣除凸出地面构筑物、设备基础、室内铁道、地沟等所占面积，不扣除间壁墙和 0.3m^2 以内的柱、垛、附墙烟囱及空洞所占面积。门洞、空圈、暖气包槽、壁龛的开口部分不增加面积。

②楼地面装饰图中的标高是要留意的，其取值的大小直接关系着内墙面装饰工程量（内墙块料面层抹灰、整体面层瓷砖等）的计算。楼板间的净高＝层高－楼板厚度－标高（标高是负值的，减去负值相当于加上正值）。

3）顶棚装饰平面图

顶棚装饰平面图主要是用来表明顶棚装饰的平面形状、尺寸和材料，以及灯具和其他各种室内顶部设施的位置和大小等。

此住宅楼的顶棚装饰平面图如图4-6、图4-7所示。

从图中可以看出，卧室、餐厅、客厅及走廊顶棚均使用轻钢龙骨吊顶，厨房和卫生间顶棚均使用铝扣板吊顶。厨房、阳台、卫生间各有一个射灯，走廊有四个射灯，客厅和卧室各有一个造型吊灯。一层共计：射灯10个，造型吊灯4个。

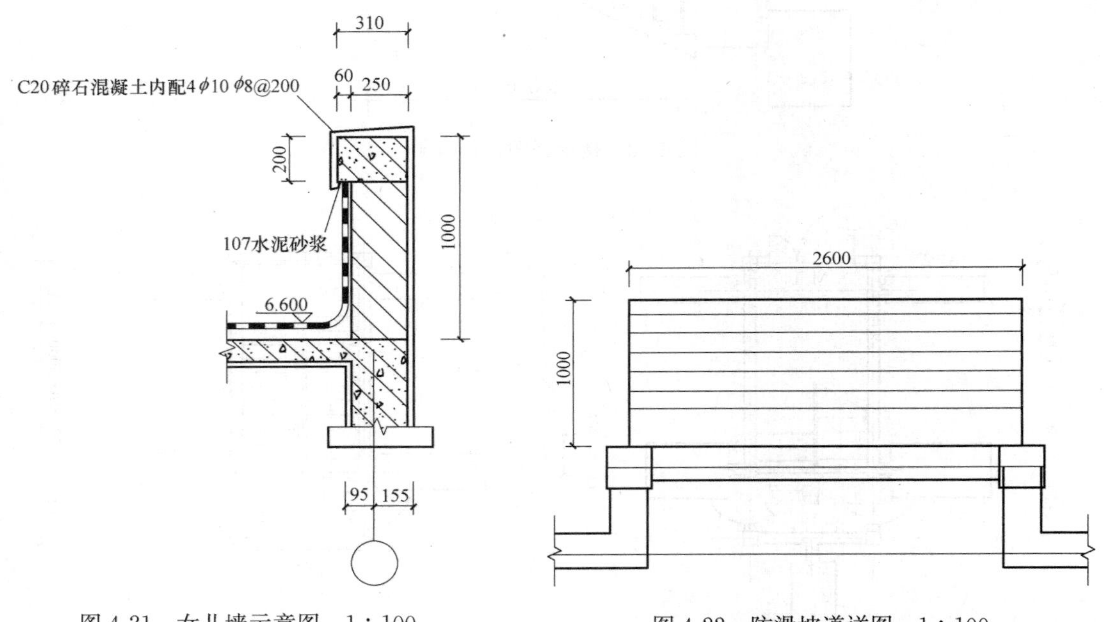

图4-21　女儿墙示意图　1：100

图4-22　防滑坡道详图　1：100

补充说明：① 在计算墙柱面装饰装修工程量时，需要考虑女儿墙、压顶是否要做装饰装修。如果需要，则需结合屋顶平面图和立面图查找计算相关数据。

② 屋顶平面图中往往会给出屋面的坡度，在计算屋面及防水工程计算规则规定的计算体积的工程量时会考虑到坡度问题，通常用其平均高度计算；如果需要是以面积计算，则需要计算其水平投影面积。

③ 在计算屋面防水工程时，需要考虑防水卷材的上翻问题。河南省08定额规定：屋面卷材防水、屋面涂抹防水及找平层均按设计尺寸以面积计算。屋面的女儿墙、伸缩缝和天窗等处的弯起部分，按图示尺寸计算并入屋面工程量内。如图纸无规定时，伸缩缝、女儿墙的弯起部分可按250mm计算；天窗弯起部分可按500mm计算。本图纸主要以装饰装修工程量计算为主，其他工程量的计算就不再赘述。

④ 顶棚装饰图中主要涉及顶棚抹灰或吊顶、顶棚吊灯的计算。

⑤ 顶棚抹灰或吊顶的工程量计算与地面装饰工程量的计算大体相同，只是地面装饰的

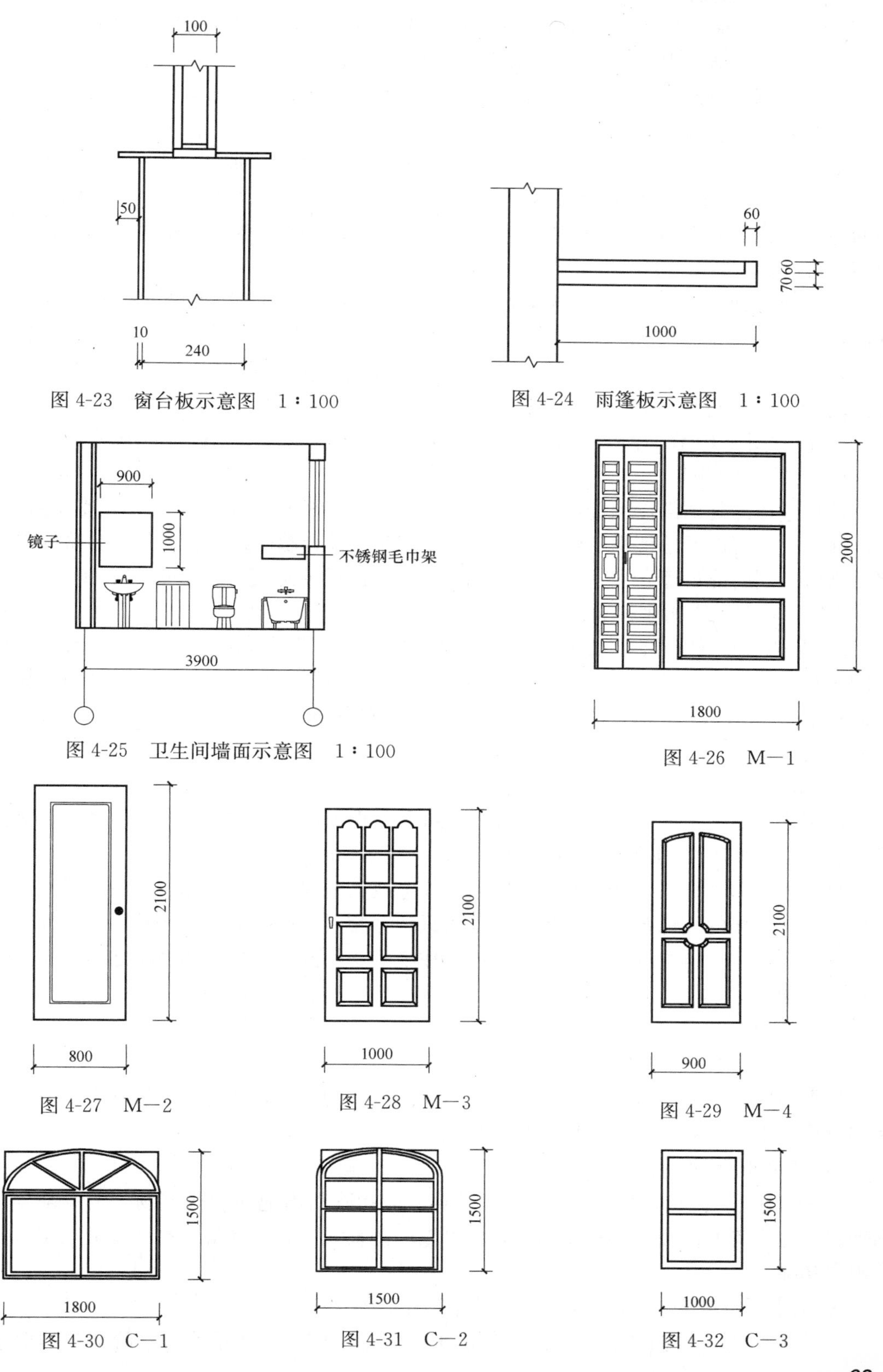

图 4-23 窗台板示意图 1∶100

图 4-24 雨篷板示意图 1∶100

图 4-25 卫生间墙面示意图 1∶100

图 4-26 M—1

图 4-27 M—2

图 4-28 M—3

图 4-29 M—4

图 4-30 C—1

图 4-31 C—2

图 4-32 C—3

工程量计算比顶棚工程量的计算要多一个门的部位的工程量，也即是顶棚的工程量等于其相对应的地面装饰工程量减去门的部位所占的工程量。

⑥ 在计算吊顶时要注意阳台的吊灯不能漏记。

（2）装饰立面图

① 该住宅楼立面图有三个，正立面、北立面和左立面图，如图 4-8～图 4-10 所示。

② 从立面图可以看出此楼高为 8.05m，一二层层高分别为 3.3m，女儿墙高为 1m，墙面铺设瓷砖高度为 1m。图中室外地坪标高值为－0.450m，表示室外地坪低于底层室内地面 0.45m。

③ 立面图通常是做一些竖直方向上装饰装修工程量的计算，比如外墙面装饰、室内外地坪标高、层高、窗台的距地高度、雨篷（结合图 4-24）的一些信息包括尺寸信息和材质等。

④ 立面图通常是结合平面图看的，平面图上水平方向的数据与立面图上垂直方向的数据结合起来就能够算出我们所需要的工程量。

⑤ 通过图 4-10 我们能看到雨篷的一些数据，在计算雨篷工程量时会用到。

（3）装饰剖面图

该住宅楼的装饰剖面图如图 4-11、图 4-12 所示。图 4-11 是图 4-1 中沿楼梯剖切的。从剖面图上，可以看出楼梯、台阶的分布范围、位置及台阶的踏步数、每个台阶的水平和竖直高度。同时能够看出梯梁的宽度 200mm、平台板的宽度 1020mm 等。图 4-12 与图 4-11类似，在此就不再多做分析。

从图 4-11 上可以看到一二层之间的楼梯呈折线型，第一段楼梯共有 10 级台阶，每级台阶高 0.15m；第二段楼梯共有 12 级台阶，每级台阶宽 0.3m、高 0.15m，两段楼梯之间的休息平台宽 1.02m。从图 4-12 可以看出此楼总高为 8.05m，一二层层高分别为 3.3m，女儿墙高为 1m，室内外高差为 0.45m。

（4）装饰详图

详图主要显示平面图上不易看到的一些细节，例如雨篷、散水等的具体做法。该住宅楼的装饰详图如图 4-14 所示，散水长 15.6m，宽 9.3m。

总述，户型一样的、楼层间布置相同的住宅或其他建筑，在计算工程量时通常只计算一户或者一层楼的装饰装修工程量，其他的只计算相同户型的数量，相乘即可，拥有自己特点的建筑物、构筑物等则需单独计算。该住宅是一梯两户，户型和楼层之间的布局装饰都完全相同。

（5）其他示意图

1）一二层梁平面布置图（图 4-13）

梁平面图中不能够看出梁的相关尺寸与装饰装修的关系，结合梁的尺寸表中的数据就能够算出梁上装饰装修（比如抹灰）工程量。

2）散水布置图（图 4-14）

① 散水按图示尺寸以水平投影面积计算。应扣除凸出地面的构筑物、设备基础、室内铁道、地沟等所占面积。在此图中我们可以看到轴线上有一台阶，在计算散水工程量时要把它扣除。

② 散水的宽度 600mm，其长度是沿建筑外墙外边线。

③ 计算的时候要注意建筑的角上的散水工程量不能少算或重算。台阶部位的散水工

程量已经扣减，但同时要增加台阶两侧的工程量。

3）轻钢龙骨天棚大样图、剖面图1、剖面图2（图4-15～图4-17）

此大样图与施工有关，套用清单定额时的工程量是图示尺寸按投影面积计算。

4）女儿墙示意图（图4-21）

从女儿墙示意图中，通过查看女儿墙高度可以计算女儿墙内外墙面的装饰装修工程量，其他相关数据包括女儿墙、压顶所用材料的相关数据在计算建筑工程工程量时会用到，此次主要考虑装饰装修部分。

5）防滑坡道详图（图4-22）

防滑坡道按图示设计尺寸以水平投影面积计算。

4.3 某办公楼精装图纸分析

1. 工程简介

（1）本工程为广东省某办公楼，结构类型采用框架结构，总长30.4m，总宽11.2m。室内地面设计相对标高为±0.000，室内外高差为0.450m。

（2）室内外墙体除卫生间处隔墙外，墙体均为240mm厚多孔砖；女儿墙体为120mm厚，高800mm。以上墙体均为M7.5水泥砂浆砌筑。

（3）建筑散水宽度为600mm。

（4）楼地面全部采用块料面层进行装饰。其中，办公室、会议室、接待室、休息室采用玻化砖，卫生间采用300×300防滑面砖，楼道及服务台采用芝麻白花岗石，楼梯饰面采用中国黑大理石进行装饰。

（5）卫生间墙裙采用孔雀鱼马赛克，高1800mm。卫生间以外的室内墙面装饰，踢脚线采用大理石，高120mm，踢脚线上部采用墙裙陶瓷面砖作为墙裙进行装饰，高680mm。

（6）顶棚的装饰中，除楼梯间外全部采用吊顶进行装饰。其中，卫生间采用轻钢龙骨干挂铝塑板的方式进行顶棚的装饰，其余采用轻钢龙骨纸面石膏板进行装饰后，面涂多乐士五合一墙面漆。吊顶高均为400mm。

（7）建筑外墙装饰采用三种材料进行装饰：中国黑大理石、红色饰面砖、新疆红大理石。

该工程建筑装饰图见图4-33～图4-57。

2. 图纸分析

该办公楼图纸内容包括底层平面图、二层平面图，三层平面图，建筑四个立面的立面图，一、二、三层顶棚装饰图和楼梯局部剖面图，楼梯局部详图，卫生间孔雀鱼马赛克装饰图，门窗详图等。其中图示方法、尺寸标注、图例代号等与建筑类图纸基本相同，其制图与表达遵守现行建筑制图标准的规定。

（1）装饰平面图

1）装饰平面布置图

①结合底层平面图和题意算出散水的工程量

在计算散水工程量的时候，切记要算上四个角上的量；同时，在楼梯或台阶的工程量要扣减，然后加上楼梯两边的散水工程量。

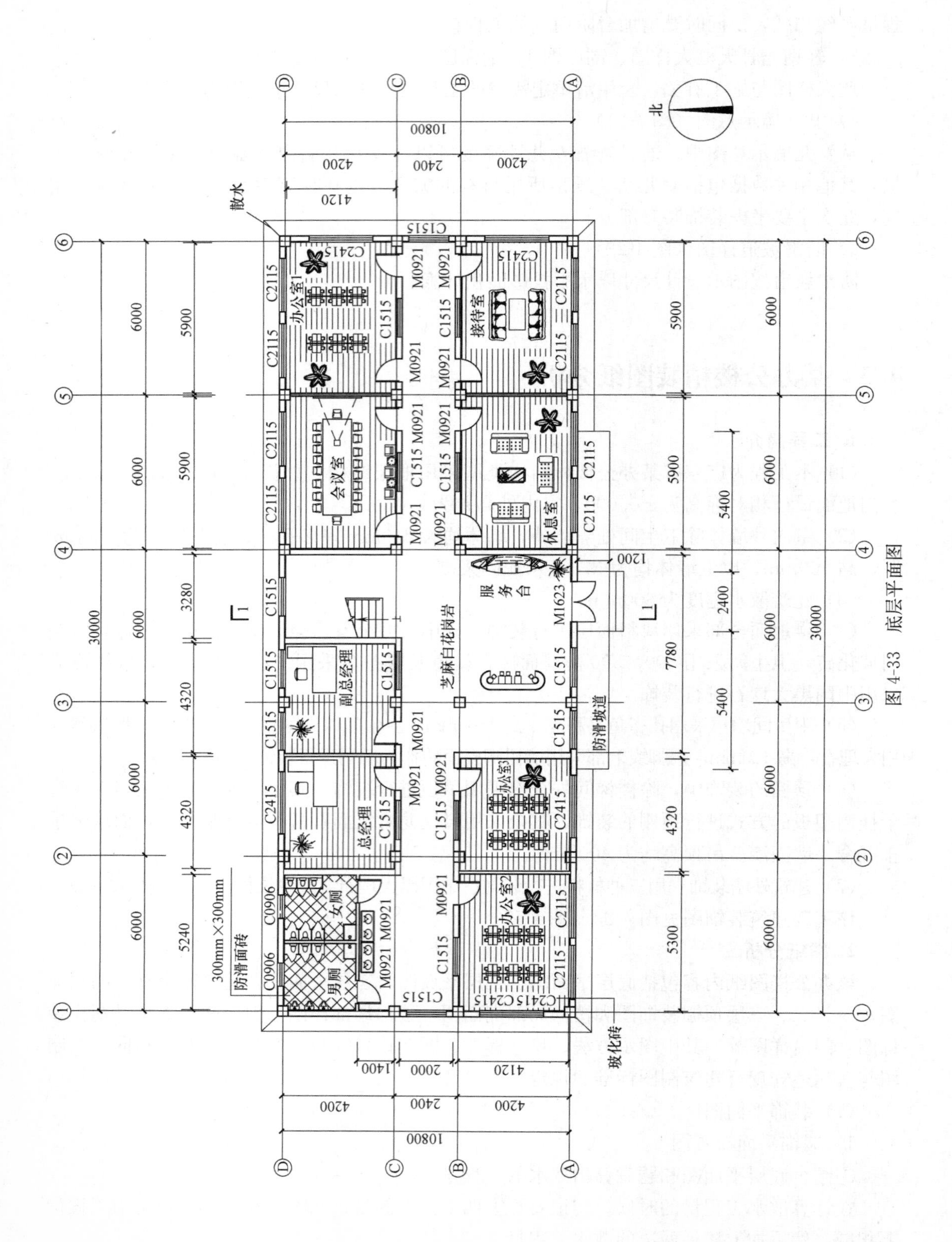
北
散水
办公室1
接待室
会议室
休息室
服务台
芝麻白花岗岩
副总经理
总经理
办公室2
办公室3
女厕
男厕
防滑面砖
300mm×300mm
玻化砖
防滑坡道

图 4-33　底层平面图

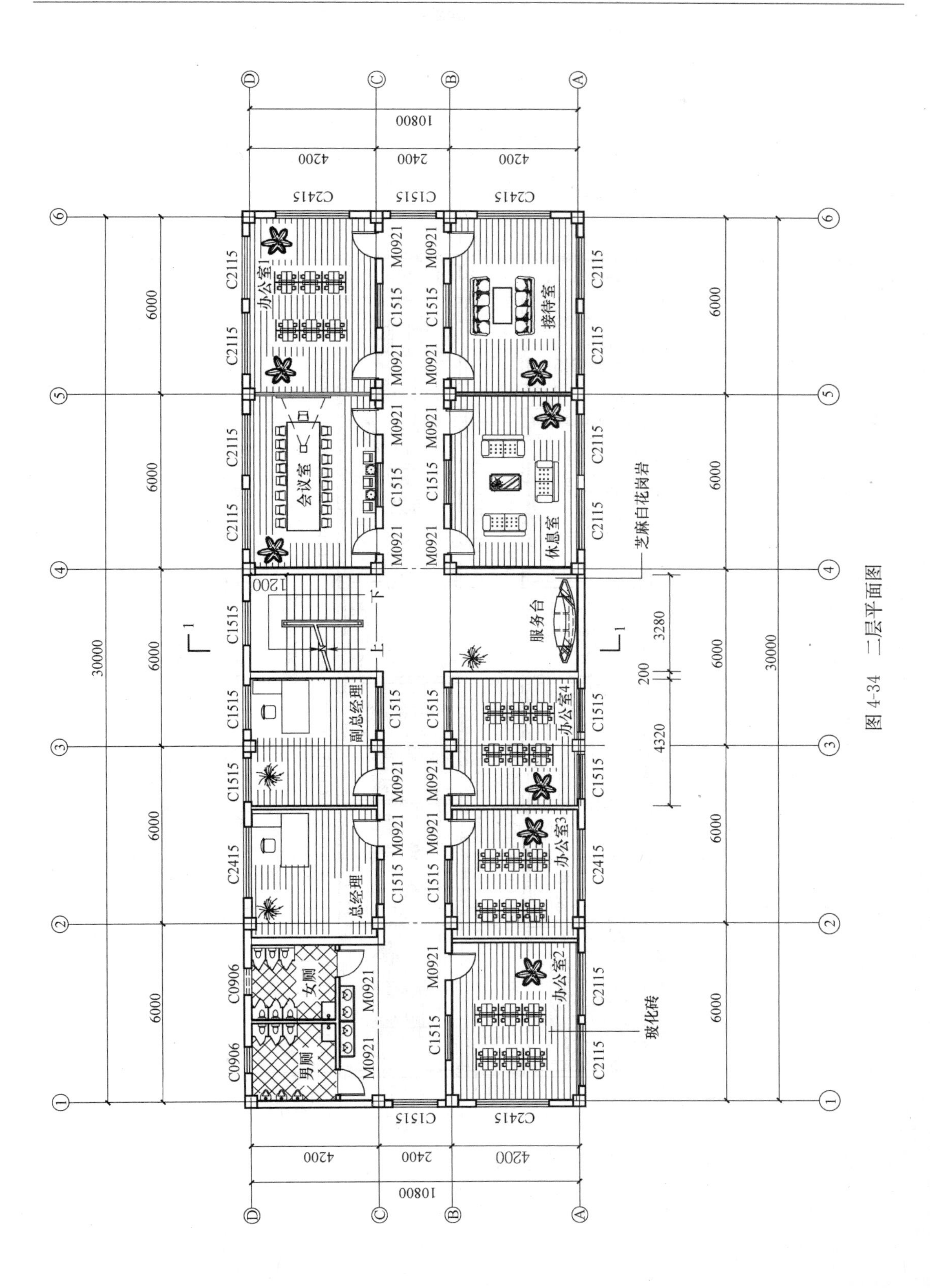
办公室1
会议室
接待室
休息室
服务台
副总经理
总经理
女厕
男厕
办公室2
办公室3
办公室4
芝麻白花岗岩
玻化砖
10800
4200
2400
6000
30000
3280
4320
200
1200
C2415
C1515
C2115
C0906
M0921
上
下

图 4-34 二层平面图

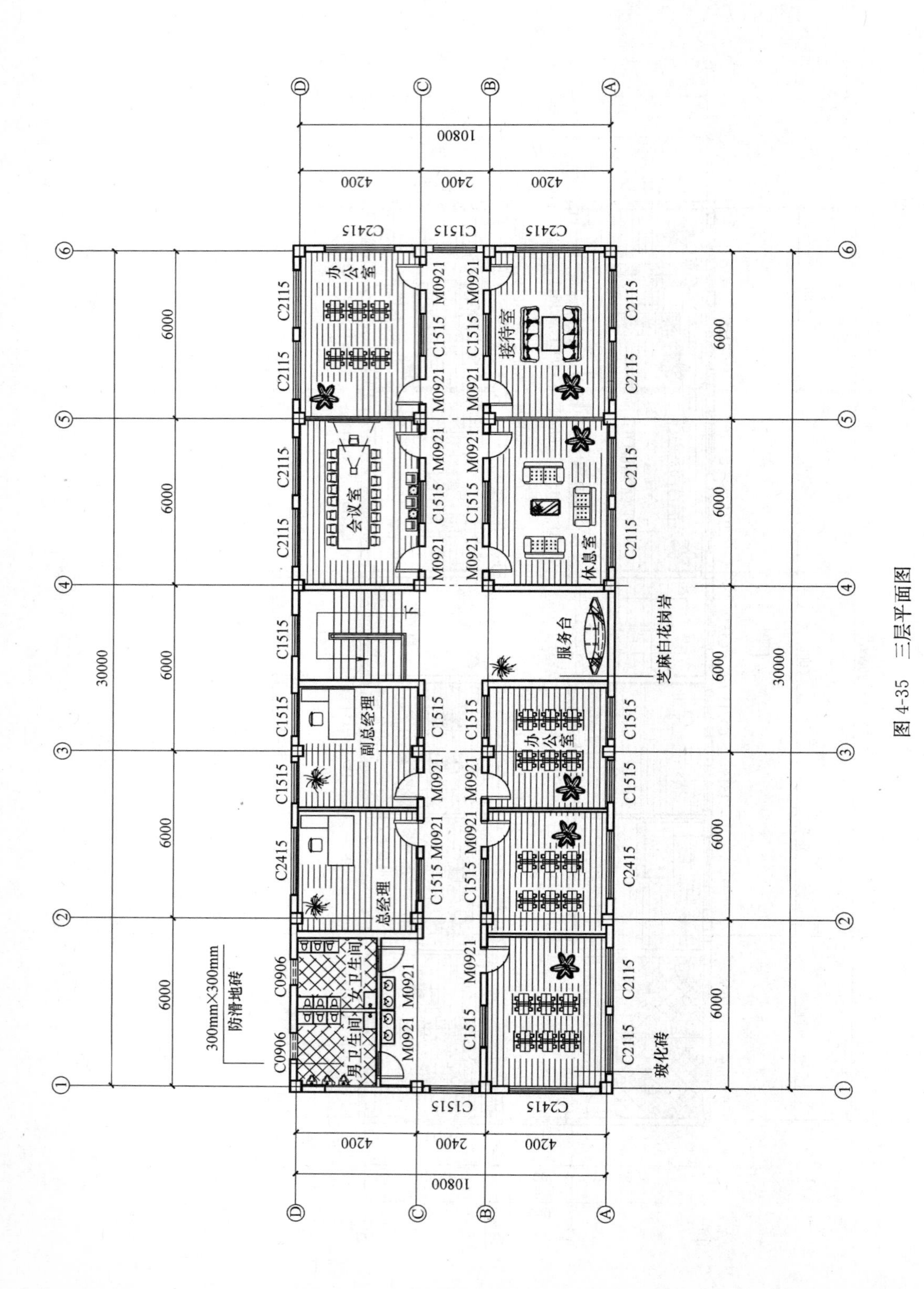
办公室
接待室
会议室
休息室
服务台
芝麻白花岗岩
副总经理
办公室
总经理
男卫生间
女卫生间
300mm×300mm
防滑地砖
玻化砖
C2415
C1515
C2115
C0906
M0921
10800
4200
2400
6000
30000

图 4-35　三层平面图

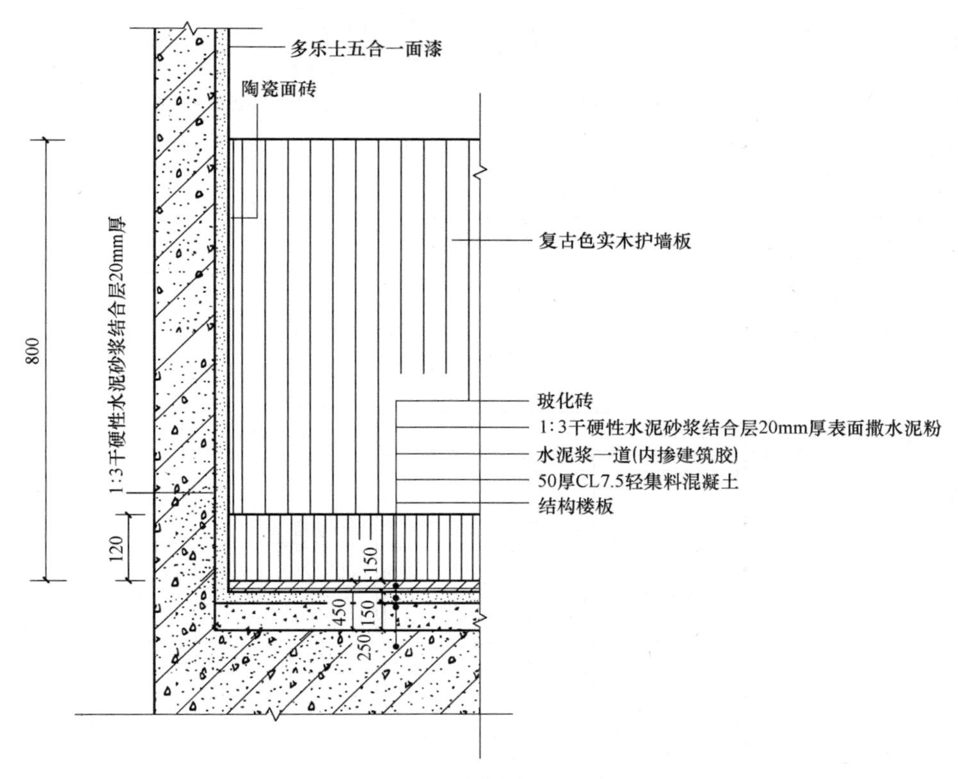

图 4-36 墙体剖面图 1∶20

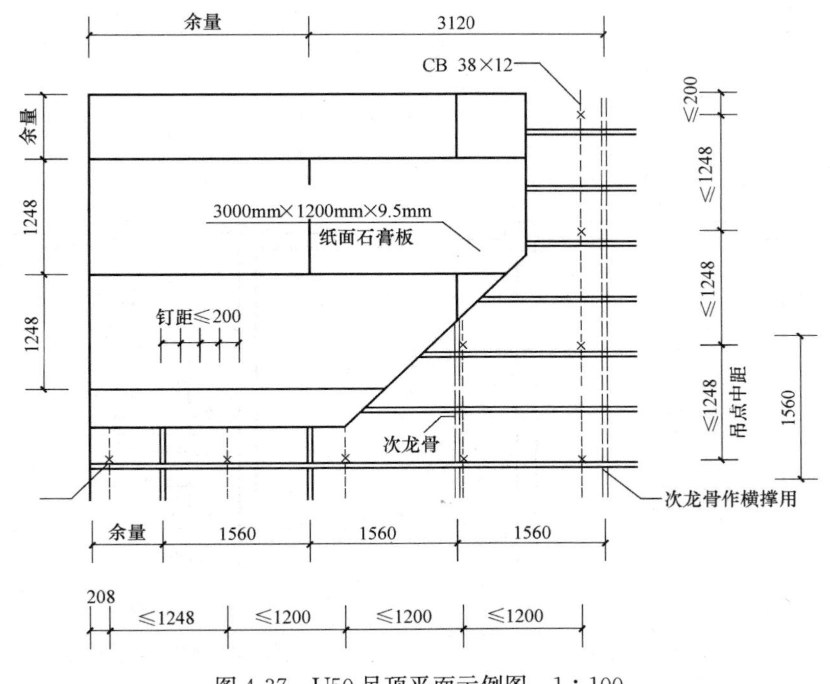

图 4-37 U50 吊顶平面示例图 1∶100

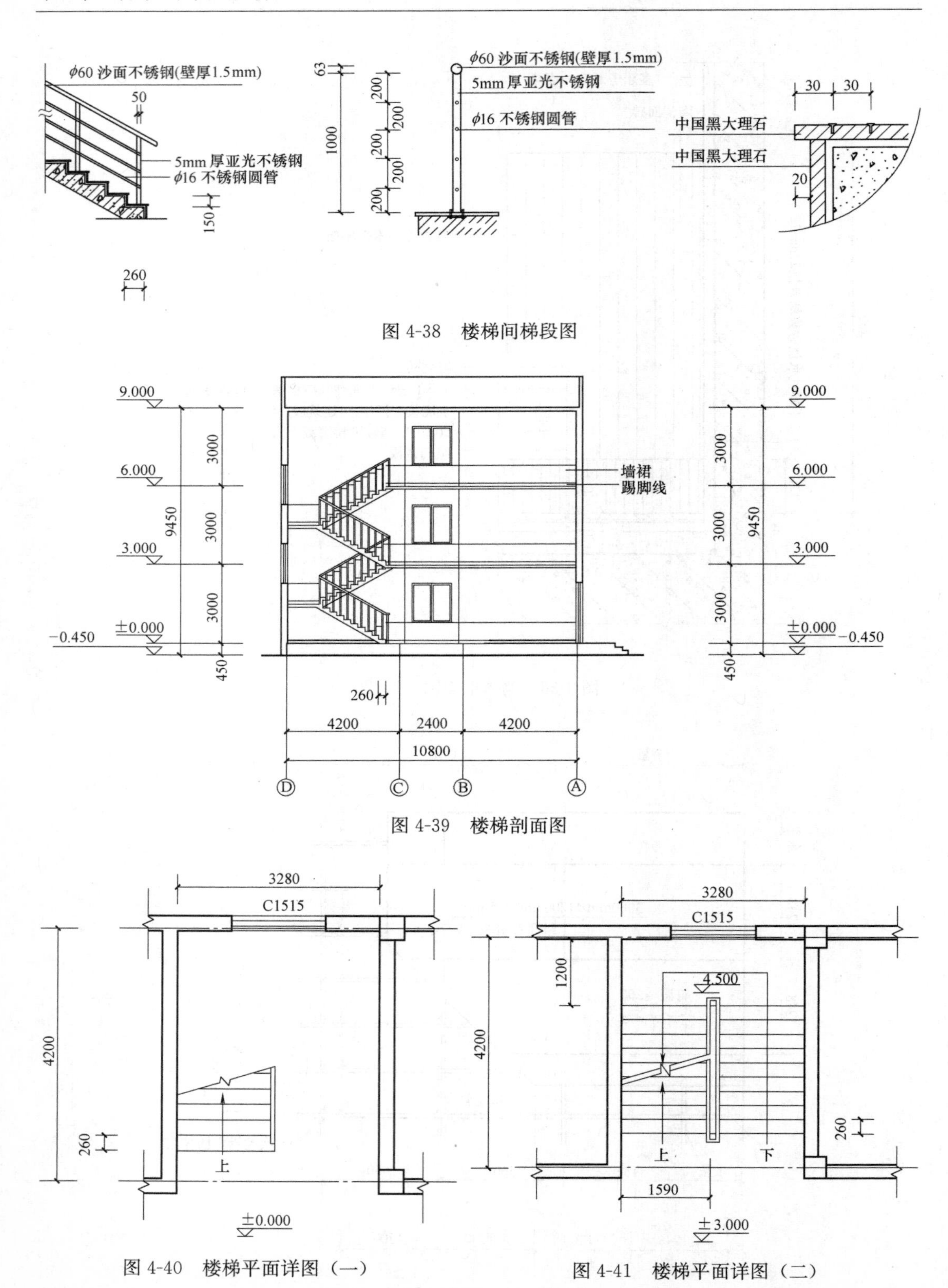

图 4-38　楼梯间梯段图

图 4-39　楼梯剖面图

图 4-40　楼梯平面详图（一）

图 4-41　楼梯平面详图（二）

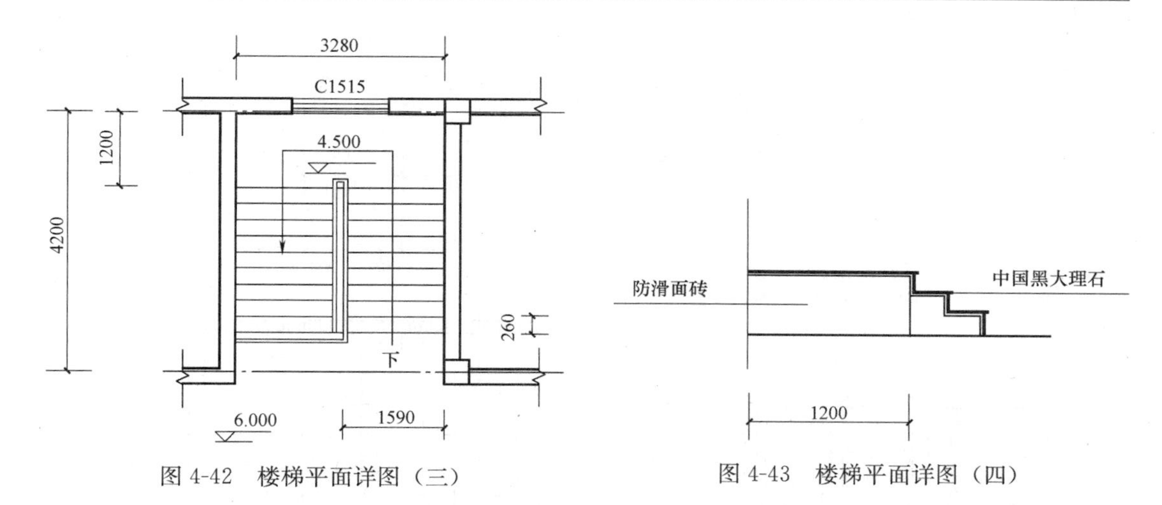

图 4-42 楼梯平面详图（三）

图 4-43 楼梯平面详图（四）

② 我们在计算楼地面工程量时，可以先统一计算整体面层的楼地面的装饰装修工程量，然后再把门洞处的楼地面装饰装修工程量加上。以图 4-33 底层平面图为例，该办公楼总长 30m，总宽 10.8m。一楼主要有总经理、副总经理、办公室、会议室、休息室、接待室、服务台和办公室、卫生间等。每个区域均有不同植物装饰。楼地面全部采用块料面层进行装饰，但由于功能不同，各个区域地面装饰材料也有所不同。其中，办公室、会议室、接待室、休息室采用玻化砖，卫生间采用 300×300 防滑面砖，楼道及服务台采用芝麻白花岗石。

2）顶棚平面图

以一层顶棚装饰图为例。如图 4-49 所示，从图上可以看到顶棚的装饰中，除楼梯间外全部采用吊顶进行装饰。其中，卫生间采用轻钢龙骨干挂铝塑板的方式进行顶棚装饰，其余采用轻钢龙骨纸面石膏板进行装饰后，面涂多乐士五合一墙面漆。走廊和服务台均采用 40W 吸顶灯，总经理办公室、副总经理办公室、会议室、办公室、休息室、接待室均采用 300mm×1200mm 双管日光灯，卫生间采用射灯。

（2）装饰立面图

该办公楼共有四个立面：南立面、北立面、东立面、西立面，如图 4-44～4-47 所示。

以图 4-44 南立面图为例，从图上可以看出，该办公楼高 9.45m，层高 3m，室内外高差 0.450m。建筑外墙装饰采用三种材料进行装饰：中国黑大理石、红色饰面砖、新疆红大理石。轴线①～⑥所在的墙面采用红色饰面砖，距建筑顶面 1200mm 内采用干挂新疆红花岗石，建筑底面距地面 0.45m 内采用中国黑大理石，其余部分采用红色饰面砖。

（3）装饰剖面图

以图 4-39 楼梯剖面为例，如图所示，建筑共三层，高 9.45m，层高 3m，室内外高差 0.45m。楼梯呈折线形，每个拐角处均设有休息平台。在图上还可以看到墙裙和踢脚线的位置及高度等。

（4）装饰详图

以图 4-38 楼梯间梯段图为例，如图所示，楼梯扶手采用 $\phi60$ 沙面不锈钢，壁厚 1.5mm，其余的斜杆采用 5mm 厚亚光不锈钢，立柱采用 $\phi16$ 不锈钢圆管。楼梯台阶面采用中国黑大理石，水平面超出竖直面 20mm。

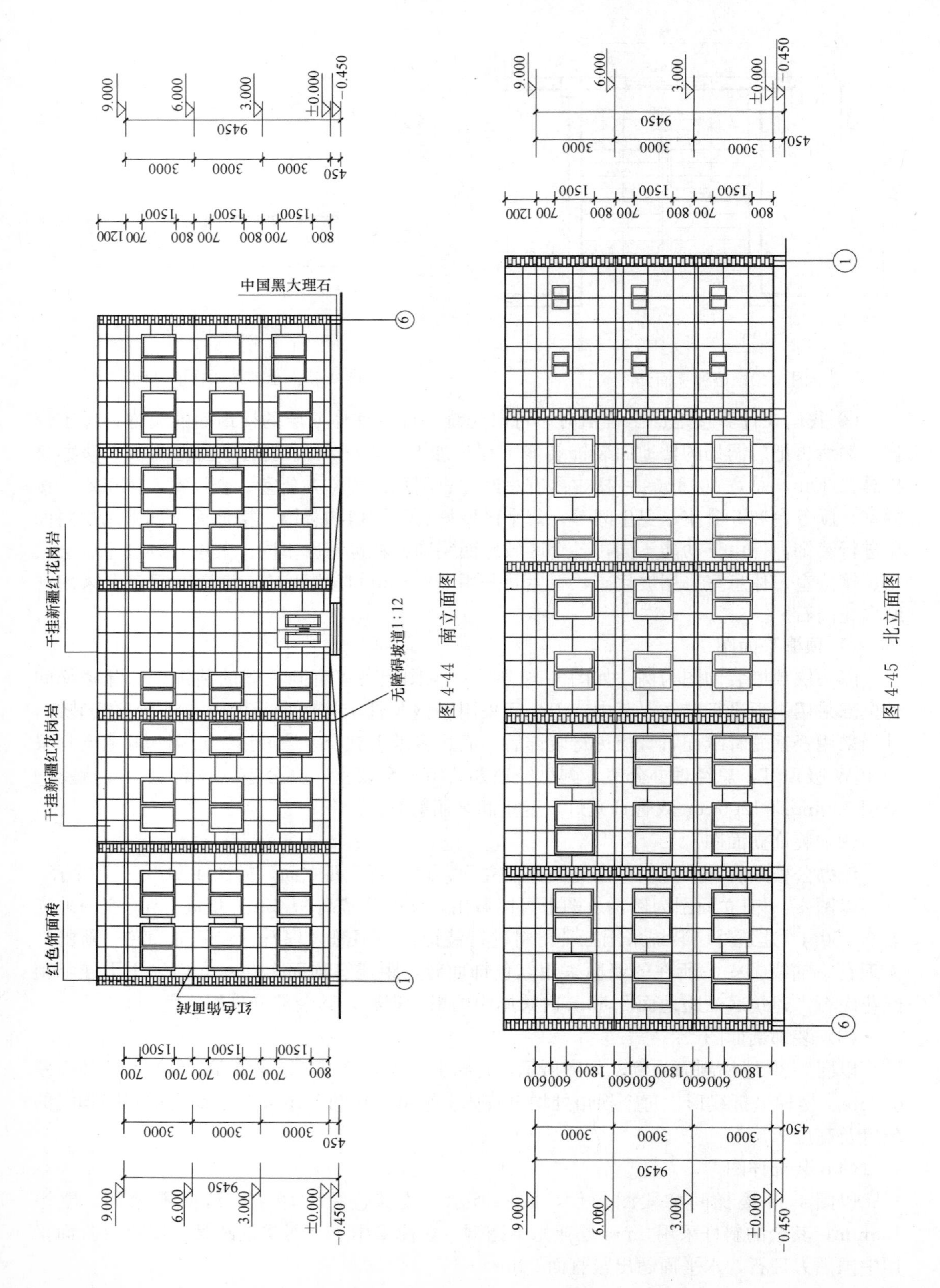

图 4-44　南立面图

图 4-45　北立面图

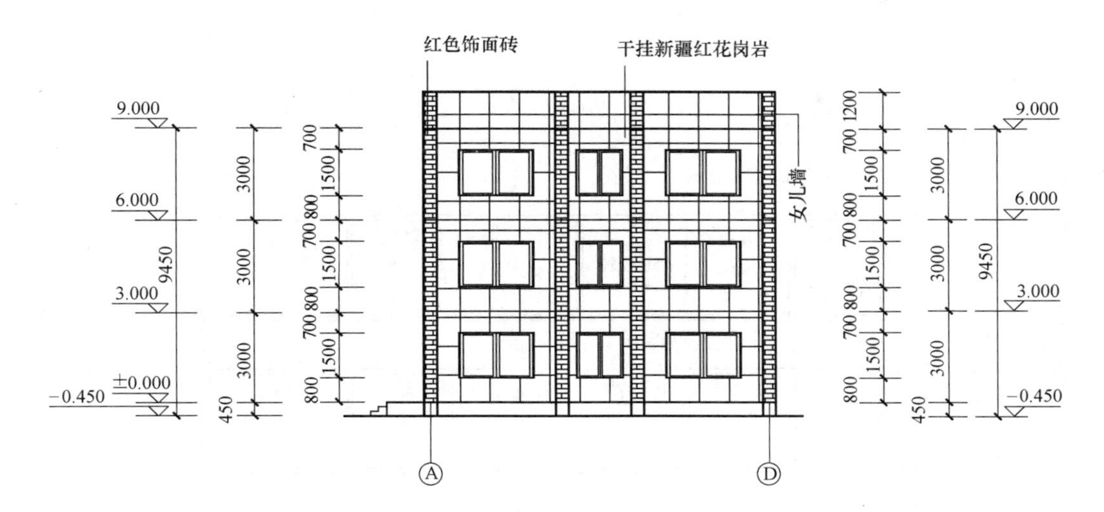

图 4-46　东立面图

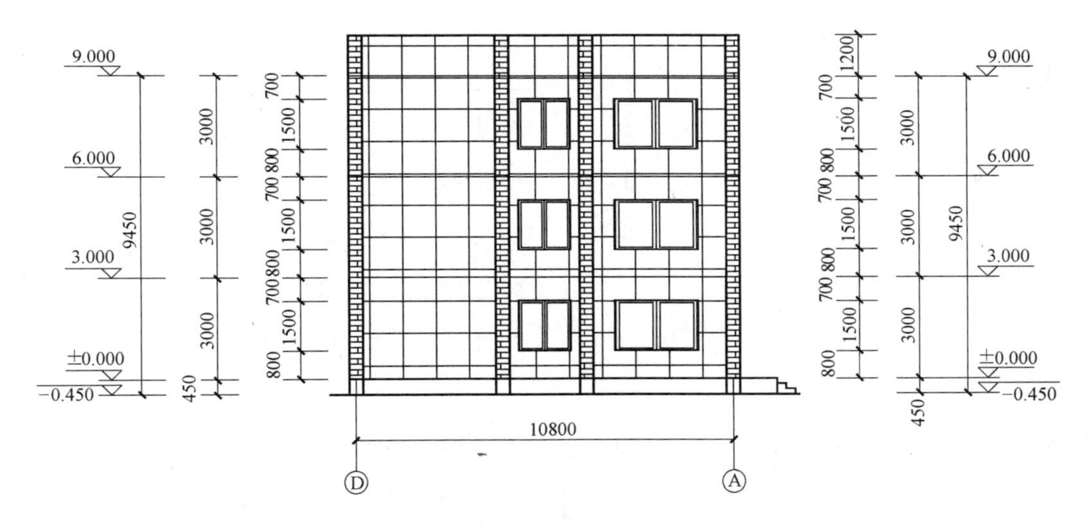

图 4-47　西立面图

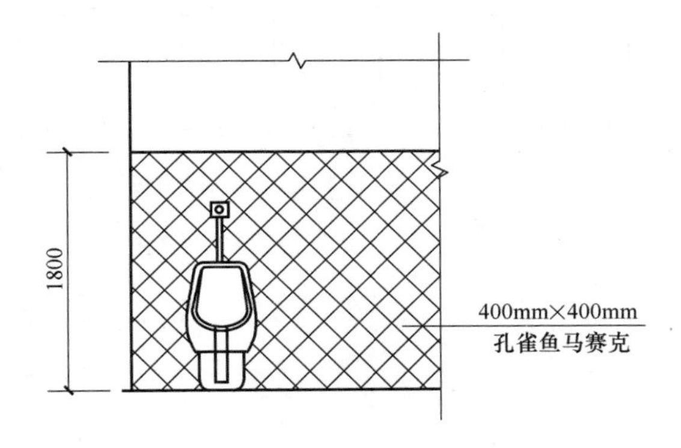

图 4-48　孔雀鱼马赛克

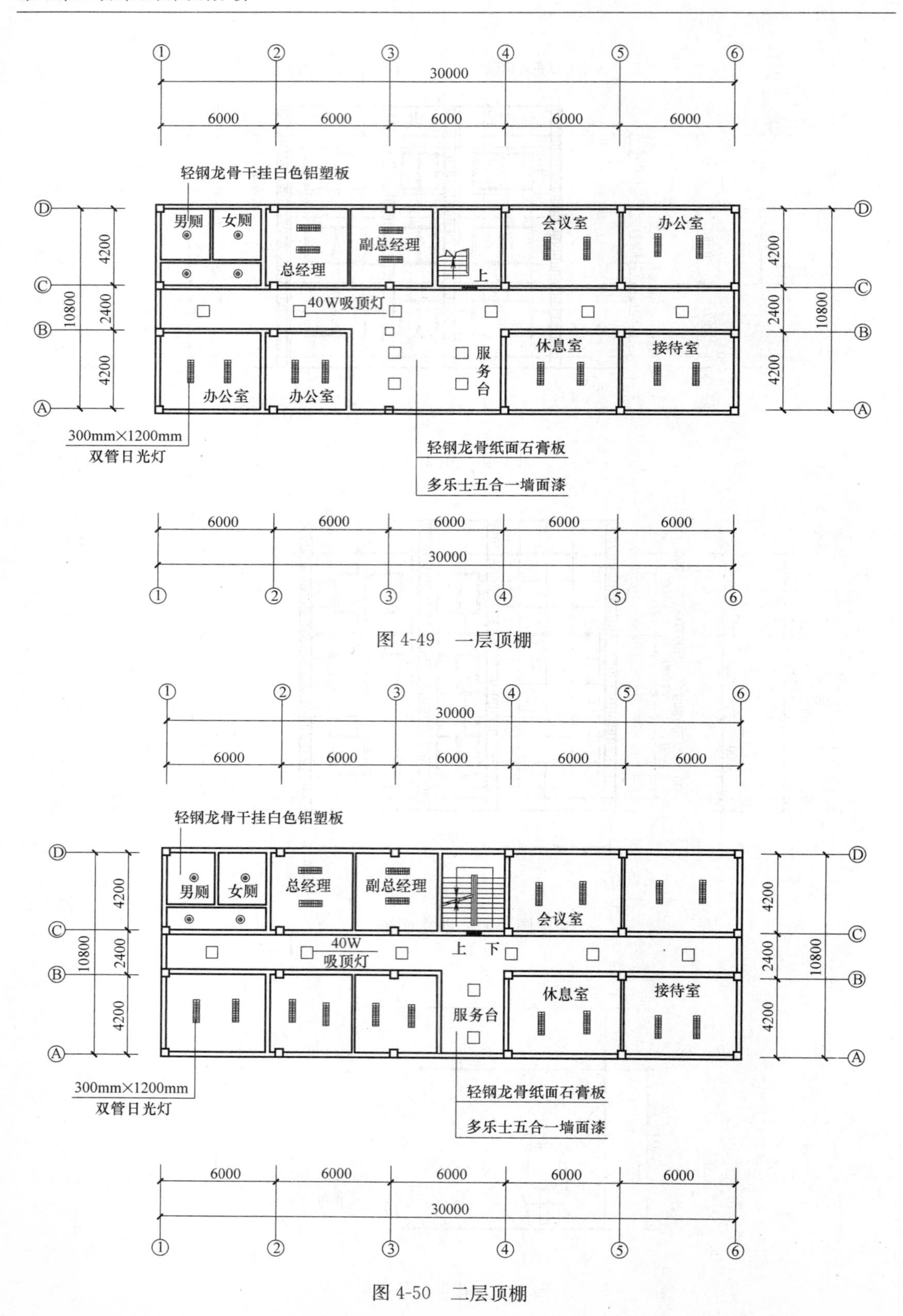

图 4-49　一层顶棚

图 4-50　二层顶棚

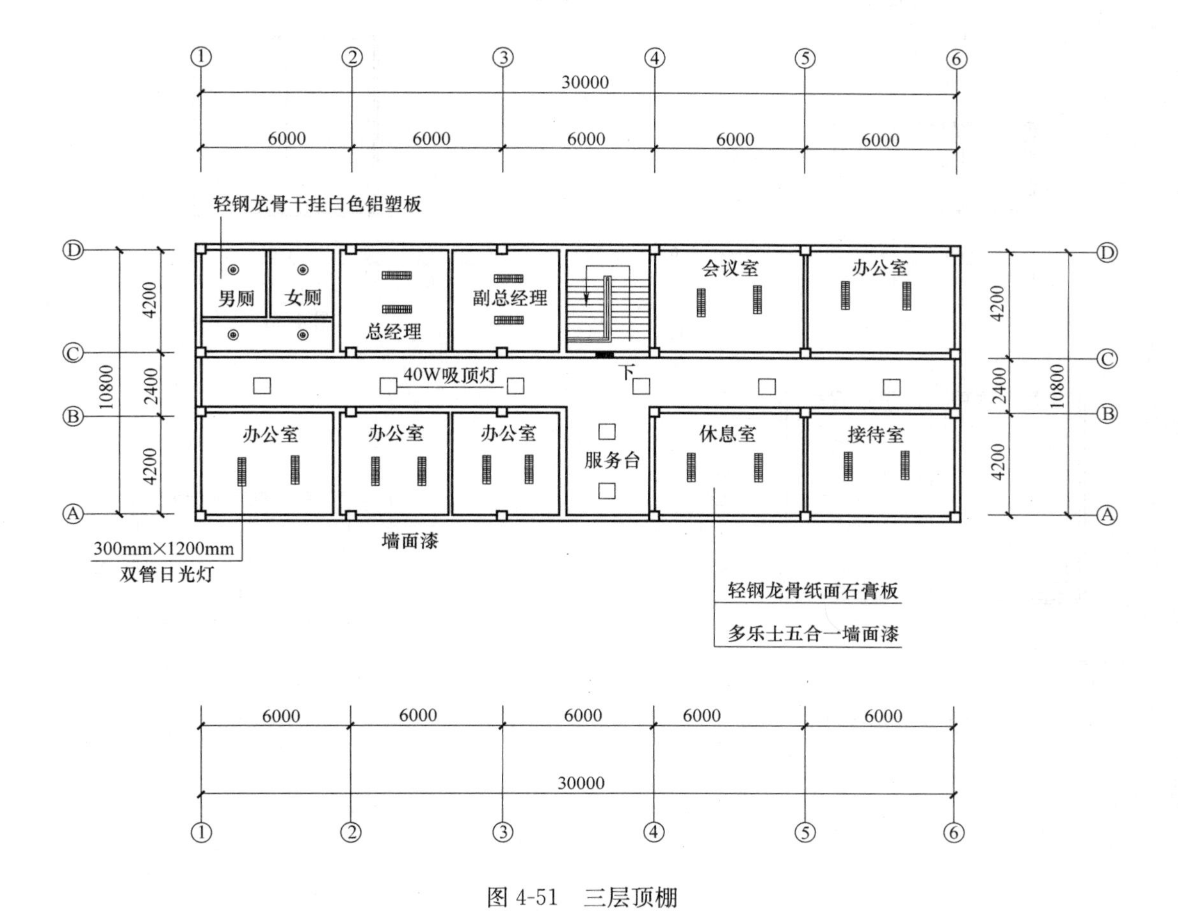

图 4-51 三层顶棚

图 4-52 M1623

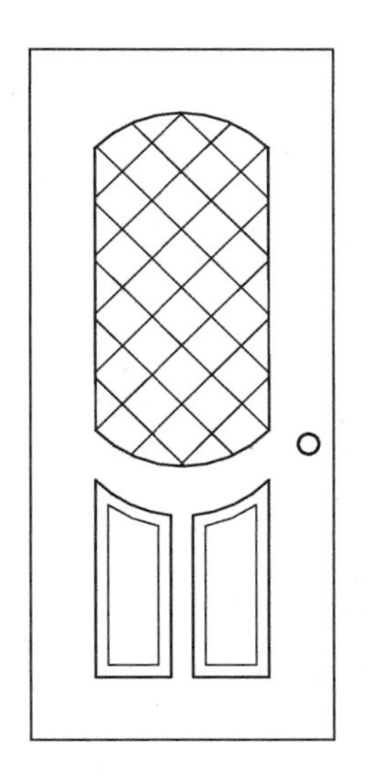

图 4-53 M0921

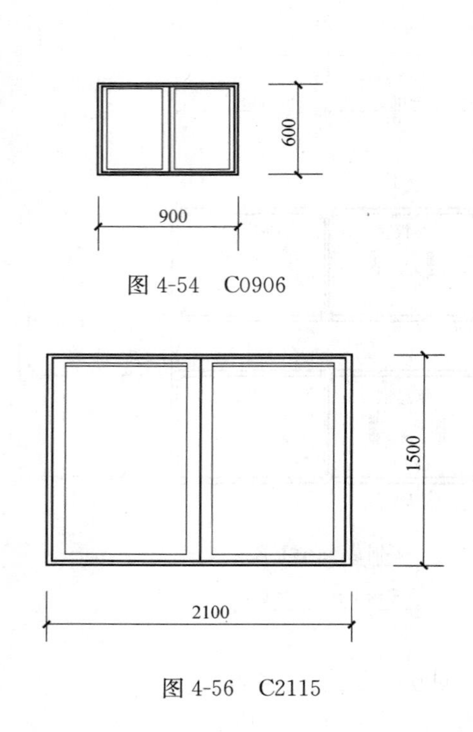

图 4-54　C0906

图 4-56　C2115

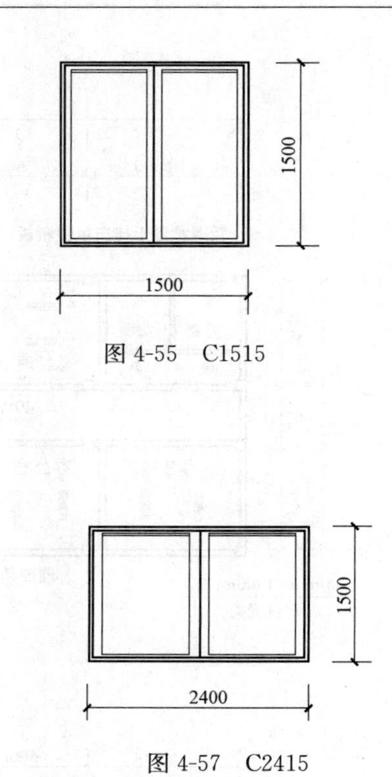

图 4-55　C1515

图 4-57　C2415

第 5 章 装饰工程算量及清单编制实例

5.1 装饰工程工程量计算相关公式

装饰装修工程量计算时，掌握常用的计算公式可以提高我们的计算速度，下面介绍一些较为常用的计算公式：

1. 墙面涂乳胶漆用量

墙面涂乳胶漆用量(m^2)＝周长×高＋顶面积－门窗面积

$=(a+b)\times 2\times d+a\times b$－门窗面积

式中 a、b——房间的长、宽；

D——层高。

2. 地砖铺贴所需地砖数量

所需地砖数量(估算)$=a/c\times b/d$(不能整除向上取整,考虑5%损耗)

所需地砖数量(块)(细算)$=a\times b/[(c+$拼缝$)\times(d+$拼缝$)]\times(1+$损耗率$)$

式中 a、b——房间的长、宽；

c、d——地砖的长、宽。

3. 地板铺贴板基层、面层

地板铺贴板基层、面层(m^2)$=a\times b$

所需地板数量（估算）$=a/c\times b/d$（不能整除向上取整，考虑 5%损耗）

所需地板数量（块）（细算）$=a\times b/(c\times d)\times(1+$损耗率$)$

式中 a、b——房间的长、宽；

c、d——板基层、面层的长、宽。

4. 油漆面计算

刷油漆面积按刷部位的面积或延长米乘系数。

① 墙裙油漆面计算方法：长×高（不含踢脚线高）。

② 踢脚线油漆面计算方法：面积计算。

③ 橱、台油漆面计算方法：展开面积计算。

④ 窗台板油漆面计算方法：长×宽。

单层木门油漆工程量（m^2）＝刷油部位面积×系数$=a\times b\times 1$

踢脚线油漆工程量（m^2）$=(a+b)\times 2\times e$

式中 a、b——房间的长、宽；

e——踢脚线的高度。

5. 吊顶装饰工程量计算

$$吊顶装饰工程量(m^2)=面层+吊顶迭落=a\times b+c\times 4\times d$$

式中　a、b——面层的长、宽；

c——方形吊顶的宽度；

d——方形吊顶的厚度。

6. 顶棚计算

顶棚板材（估算）$=a/c\times b/d$（不能整除向上取整，考虑5%损耗）

顶棚板材用量（块）（细算）$=a\times b/(c\times d)\times$(1+损耗率)

式中　a、b——房间的长、宽；

c、d——顶棚的宽、高。

7. 壁纸、地毯用料

壁纸、地毯用料＝使用面积×（1＋损耗率）

注：损耗率一般在10%～20%，壁纸斜贴损耗率一般为25%。

8. 装修总造价

（1）基本项目：材料费＋人工费

（2）管理费：(1) ×5%

（3）税金：((1)＋(2))×3.41%

（4）装修总造价：(1)＋(2)＋(3)

5.2　工程量计算常用数据及工程量计算规则

1. 装饰装修工程常用的定额计算规则

（1）楼地面装饰工程

1）楼地面找平层按设计图示尺寸以面积计算。扣除凸出地面构筑物、设备基础、室内铁道、地沟等所占面积。不扣除间壁墙及单个面积≤0.3m^2柱、垛、附墙烟囱及孔洞所占面积。门洞、空圈、暖气包槽、壁龛的开口部分补增加面积。

2）块料面层、橡塑面层

① 块料面层、橡塑面层及其他材料面层按设计图示尺寸以面积计算。门洞、空圈、暖气包槽、壁龛的开口部分并入相应的工程量内。

② 石材拼花按最大外围尺寸以矩形面积计算。有拼花的石材地面，按设计图示尺寸扣除拼花的最大外围矩形面积计算。

③ 石材沟缝按石材设计图示尺寸以展开面积计算。

3）踢脚线按设计图示长度乘以高度以面积计算。楼梯靠墙踢脚线（含锯齿形部分）贴块料按设计图示面积计算。

4）楼梯面层按设计图示尺寸以楼梯（包括踏步、休息平台及≤500mm的楼梯井）水平投影面积计算。楼梯与楼梯地面相连时，算至楼梯口梁内侧边沿；无梯口梁者，算至最上一层踏步边沿休息平台加300mm。

5）台阶面层按设计图示尺寸以台阶（包括最上层台阶踏步边沿休息平台加300mm）

水平投影面积计算。

（2）墙、柱面装饰与隔断、幕墙工程

1）内墙面、墙裙抹灰面积应扣除门窗洞口和单个面积>0.3m² 以上的空圈所占的面积，不扣除踢脚线、挂镜线及单个面积≤0.3m² 的孔洞和墙与构件交界处的面积。且门窗洞口、空圈、孔洞的侧壁面积亦不增加，附墙柱的侧面抹灰应并入墙面、墙裙抹灰工程量内计算。

2）内墙面、墙裙的长度以主墙间的图示净长计算，墙面高度按室内地面至顶棚地面净高计算，墙面抹灰面积应扣除墙裙抹灰面积，如墙面和墙裙抹灰种类相同者，工程量合并计算。

3）外墙抹灰面积按垂直投影面积计算，应扣除门窗洞口、外墙裙（墙面和墙裙抹灰种类相同者应合并计算）和单个面积>0.3m² 的孔洞所占面积，不扣除单个面积≤0.3m² 的孔洞所占面积，门窗洞口及孔洞侧壁面积亦不增加。附墙柱侧面抹灰面积应并入外墙抹灰工程量内。

4）柱面抹灰按结构断面周长乘以抹灰高度计算。

（3）顶棚工程

1）顶棚抹灰

按设计结构尺寸以展开面积计算顶棚抹灰。不扣除间壁墙、垛、柱、附墙烟囱、检查口和管道所占面积，带梁顶棚的梁两侧抹灰面积并入顶棚面积内，板式楼梯地面抹灰面积（包括踏步、休息平台以及≤500mm 宽的楼梯井）按水平投影面积乘以系数 1.15 计算，锯齿形楼梯地板抹灰面积（包括踏步、休息平台以及≤500mm 宽的楼梯井）按水平投影面积乘以系数 1.37 计算。

2）顶棚吊顶

顶棚吊顶的基层和面层均按设计图示尺寸以展开面积计算。顶棚面中的灯槽及跌级、阶梯式、锯齿形、吊挂式、藻井式顶棚面积按展开计算。不扣除间壁墙、垛、柱、附墙烟囱、检查口和管道所占的面积，扣除单个>0.3m² 的孔洞、独立柱及与顶棚相连的窗帘盒所占的面积。

3）顶棚其他装饰

灯带（槽）按设计图示尺寸以框外围面积计算。

（4）油漆、涂料、裱糊工程

1）抹灰面漆、涂料工程（另做说明的除外）按设计图示尺寸以展开面积计算。

2）踢脚线刷耐磨漆按设计图示长度计算。

3）墙面及顶棚面刷石灰油浆、白水泥、石灰浆、石灰大白浆、可赛银浆、大白浆等涂料工程量按抹灰面积工程量计算规则。

（5）其他装饰工程

1）扶手、栏杆、栏板、成品栏杆（带扶手）均按其中心线长度计算，不扣除弯头长度。如遇木扶手、大理石扶手为整体弯头时，扶手消耗量需扣除整体弯头的长度，设计不明确者，每只整体弯头按 400mm 扣除。

2）柱面、墙面灯箱基层，按设计图示尺寸以展开面积计算。

3）石材、瓷砖加工

① 石材、瓷砖倒角按块料设计倒角长度计算。

② 石材磨边按成型圆边长度计算。

③ 石材开槽按块料成型开槽长度计算。

④ 石材、瓷砖开孔按成型孔洞数量计算。

2. 装饰装修工程常用的清单计算规则

如表5-1所示。

装饰装修工程常用的清单计算规则表　　表5-1

项目编码	项目名称	计算规则
011101001	水泥砂浆楼地面	按设计图示尺寸以面积计算。扣除凸出地面构筑物、设备基础、室内铁道、地沟等所占面积,不扣除间壁墙及≤0.3m² 柱、垛、附墙烟囱及孔洞所占面积。门洞、空圈、暖气包槽、壁龛的开口部分不增加面积
011101002	现浇水磨石楼地面	
011101003	细石混凝土楼地面	
011101006	平面砂浆找平层	按设计图示尺寸以面积计算
011102001	石材楼地面	按设计图示尺寸以面积计算。门洞、空圈、暖气包槽、壁龛的开口部分并入相应的工程量内
011102002	碎石材楼地面	
011102003	块料楼地面	
011104001	地毯楼地面	按设计图示尺寸以面积计算。门洞、空圈、暖气包槽、壁龛的开口部分并入相应的工程量内
011104002	竹、木(复合)地板	
011105001	水泥砂浆踢脚线	1. 以平方米计量,按设计图示长度乘高度以面积计算 2. 以米计量,按延长米计算
011105002	石材踢脚线	
011105003	块料踢脚线	
011106001	石材楼梯面层	按设计图示尺寸以楼梯(包括踏步、休息平台及≤500mm 的楼梯井)水平投影面积计算。楼梯与楼地面相连时,算至梯口梁内侧边沿;无梯口梁者,算至最上一层踏步边沿加300mm
011106002	块料楼梯面层	
011106003	拼碎块料面层	
011106004	水泥砂浆楼梯面层	
011106005	现浇水磨石楼梯面层	
011106007	木板楼梯面层	
011107001	石材台阶面	按设计图示尺寸以台阶(包括最上层踏步边沿加300mm)水平投影面积计算
011107002	块料台阶面	
011107003	拼碎块料台阶面	
011107004	水泥砂浆台阶面	
011107005	现浇水磨石台阶面	
011204001	石材墙面	按镶贴表面积计算
011204002	拼碎石材墙面	
011204003	块料墙面	
011204004	干挂石材钢骨架	按设计图示以质量计算
011207001	墙面装饰板	按设计图示墙净长乘净高以面积计算。扣除门窗洞口及单个＞0.3m² 的孔洞所占面积
011301001	顶棚抹灰	按设计图示尺寸以水平投影面积计算。不扣除间壁墙、垛、柱、附墙烟囱、检查口和管道所占的面积,带梁顶棚、梁两侧抹灰面积并入顶棚面积内,板式楼梯底面抹灰按斜面积计算,锯齿形楼梯底板抹灰按展开面积计算

续表

项目编码	项目名称	计算规则
011302001	吊顶顶棚	按设计图示尺寸以水平投影面积计算。顶棚面中的灯槽及跌级、锯齿形、吊挂式、藻井式顶棚面积不展开计算。不扣除间壁墙、检查口、附墙烟囱、柱垛和管道所占面积，扣除单个＞0.3m² 的孔洞、独立柱及与顶棚相连的窗帘盒所占的面积
011401001	木门油漆	1. 以樘计量，按设计图示数量计量 2. 以平方米计量，按设计图示洞口尺寸以面积计算
011401002	金属门油漆	
011402001	木窗油漆	1. 以樘计量，按设计图示数量计量 2. 以平方米计量，按设计图示洞口尺寸以面积计算
011402002	金属窗油漆	
011403001	木扶手油漆	按设计图示尺寸以长度计算
011403002	窗帘盒油漆	
011503001	金属扶手、栏杆、栏板	按设计图示以扶手中心线长度（包括弯头长度）计算
011503002	硬木扶手、栏杆、栏板	
011507003	灯箱	按设计图示数量计算

5.3　某二层住宅精装工程清单项目工程量计算

1. 清单工程量

（1）楼地面

1）水磨石踢脚线（高为150mm）工程量（图4-1）

① 一层的工程量（先计算墙的总长）：

a. 卫生间：

[(3.9－0.12－0.09)×2＋(1.8－0.12－0.09)×2]×2＝21.12m

【注释】　3.9——卫生间深度；

0.12——半墙厚；

0.09——轴线到外墙内边缘的距离；

2——对称两面墙；

1.8——卫生间宽度；

最后一个2——左右对称两卫生间。

b. 餐厅：

[(2.6－0.12－0.12)＋(2.9－0.12＋0.12)×2]×2＝16.32m

【注释】　2.6——餐厅宽度；

0.12——轴线到墙外边距离；

0.12——轴线到内墙边缘距离；

2——对称的两面墙；

2.9——餐厅深度；

最后一个2——左右对称两餐厅。

c. 厨房：

[(3.9−0.09−0.12)×2+(2.1−0.12−0.12)×2]×2=22.20m

【注释】　3.9——厨房深度；
0.12——轴线到墙内边缘距离；
0.09——轴线到墙内边缘距离；
2——对称的两面墙；
2.1——厨房宽度；
最后一个2——左右对称两厨房。

d. 阳台：

[(1.0+0.15−0.12)×2+(2.6−0.12−0.12)×2]×2=13.56m

【注释】　1.0——阳台深度；
0.15——轴线到外墙的距离；
2.6——阳台宽度；
0.12——轴线到外墙距离；
2——对称的两面墙；
最后一个2——左右对称两阳台。

e. 过道：

[(1.5−0.12−0.12)×2+(1.8+0.12−0.09)×2+(2.1−0.12+0.12)×2+(3.6−0.09+0.12)×2]=17.64m

【注释】　1.5——过道宽度；
2——左右对称两墙面；
0.12——轴线到墙内边缘的距离；
0.09——外墙轴线到内边缘的距离；
1.8、3.6、2.1——过道在卫生间、厨房、卧室的外墙长。

f. 客厅：

[(4.2−0.24)+(3.9+0.12−0.09)+(3.9−0.12−0.09)+(1.45−0.12)]×2=25.82m

【注释】　4.2——客厅宽度；
0.12——轴线到墙内边缘距离；
0.09——轴线到墙内边缘距离；
0.24——墙厚，3.9为客厅深度；
1.45——Ⓑ轴线在⑤、⑦轴线间墙长度的一半；
前面的2——对称的墙面；
最后的2——左右对称两客厅。

g. 楼梯间：

(2.9+1.5+1.0+0.6−0.24)×2+(2.6−0.24)×2=16.24m

【注释】　2.6——楼梯间宽度；
0.12——轴线到墙内边缘的距离；
1.5+2.9+1.0+0.6——楼梯间总的深度；
2——对称的两墙面。

h. 卧室：

(3.6－0.12－0.09＋3.9－0.12－0.09)×2×2＝28.32m

【注释】 3.6——卧室宽度；
0.12——轴线到内墙内边缘距离；
0.09——轴线到外墙内边缘距离；
3.9——卧室的深度；
2——第一个2表示对称的两面墙；
2——第二个2表示对称的两个卧室。

一层（二层）的踢脚线总长度：

21.12＋16.32＋22.20＋13.56＋17.64＋25.82＋16.24＋28.32＝161.22m

门洞口处未扣除踢脚线的长度：

(0.8×4＋1.0＋0.9×4)×2×2＋1.8＝33m

门洞口侧面增加的踢脚线长度：20×0.24×2＋2×0.24＝10.08m

② 总的工程量：(161.22＋161.22＋10.08－33)×0.15＝44.93m^2

【注释】 161.70——表示一、二两层的踢脚线的长度（两层相同）；
0.8、1.0、0.9——分别为M—2、M—3、M—4的门洞口宽度；
1.8——一层子母门的宽度；
20——表示M—2、M—3、M—4洞口侧面的总个数；
2——M—1洞口的两个侧面。
4——扣除门洞的次数；
0.24——门洞口的宽度；
0.15——水磨石踢脚线高，按设计图示尺寸乘以高度以面积计算。

2）防滑坡道工程量

做法：200厚3∶7灰土垫层，100厚C15混凝土，20厚1∶2水泥砂浆抹面，如图4-22。

① 1∶2水泥砂浆工程量

2.6×1.0＝2.6m^2

【注释】 2.6——防滑坡道的长度；
1.0——防滑坡道的宽度。

②C15混凝土：工程量＝2.6×1.0×0.1＝0.26m^3

【注释】 2.6——防护坡道长度；
1.0——防滑坡道的宽度；
0.1——混凝土垫层的厚度。

3）散水工程量

做法：混凝土为C10，面层为一次性水泥砂浆抹光，如图4-14。

(15.6＋0.15×2＋0.6×2)×2×0.6＋(9.3＋0.15×2)×2×0.6－2.6×0.6＋0.6×0.6×2＝31.2m^2

【注释】 15.6——建筑物①～⑪轴线长度；
0.15——轴线到墙外边缘的距离＝（0.24－0.09）；

0.6——散水宽度；

9.3——建筑物Ⓐ～Ⓔ轴线长度；

2.6——大门前防滑坡道宽；

0.6×0.6×2——大门向外突出600mm左右两侧增加的散水面积。

4）地面工程量（图4-4、图4-5）

①卫生间、阳台、厨房300×300防滑砖（一层的工程量）：

a. 卫生间：[(1.8－0.09－0.12)×(3.9－0.12－0.09)]×2＋0.8×0.24×2＝12.12m²

【注释】 1.8——卫生间宽度；

0.12——半墙厚；

0.09——轴线到外墙内边缘的距离；

3.9——卫生间深度；

0.8——M—2洞口的宽度；

0.24——内墙的厚度；

2——左右对称两卫生间。

b. 阳台：(1.0－0.12)×(2.6－0.12－0.12)×2＋0.9×0.24×2＝4.58m²

【注释】 1.0——阳台深度；

0.12——轴线到外墙距离；

2.6——阳台宽度；

0.12——轴线到外墙距离；

0.9——M—4洞口的宽度；

0.24——内墙的厚度；

2——左右对称两阳台。

c. 厨房：(3.9－0.12－0.09)×(2.1－0.24)×2＋0.8×0.24×2＝14.11m²

【注释】 3.9——厨房深度；

0.12——轴线到墙内边缘距离；

0.09——轴线到墙内边缘距离；

2.1——厨房宽度；

0.8——M—2洞口的宽度；

0.24——内墙的厚度；

2——左右对称两厨房。

Σ＝12.12＋4.58＋14.11＝30.81m²

总的工程量：30.81×2＝61.62m²

【注释】 2——表示一二两层。

②客厅、餐厅、过道800×800仿古砖（一层的工程量）：

a. 客厅：[(3.9－0.12－0.09)×(4.2－0.24)＋0.24×(4.2－1.45－0.12)]×2＝30.49m²

【注释】 3.9——客厅深度；

0.12——轴线到墙内边缘距离；

0.09——轴线到墙内边缘距离；

4.2——客厅宽度；

0.24——墙厚；

1.45——Ⓑ轴线、⑤、⑦轴线间墙长度；

2——左右对称两客厅。

b. 餐厅：[2.9×(2.6−0.24)]×2=13.69m²

【注释】 2.9——餐厅深度；

2.6——餐厅宽度；

2——左右对称两餐厅。

c. 过道：[(1.5−0.24)×(1.8+2.6+2.1−0.12−0.09)]×2=15.85m²

【注释】 1.5——过道宽度；

0.12——轴线到墙内边缘的距离；

1.8+2.6+2.1——过道的长度；

2——左右对称两过道。

∑=30.49+13.69+15.85=60.03m²

总的工程量为：60.03×2=120.06m²

【注释】 2——表示一二两层。

③ 卧室铺木地板：

做法：铺在间距为400mm的木格栅上，木楞为60×60，在木格栅上铺钉毛地板，在毛地板上粘结木地板。

a. 一层工程量：

卧室：(3.9−0.12−0.09)×(3.6−0.12−0.09)×2+0.9×0.24×2=25.45m²

【注释】 3.9——卧室深度；

0.12——轴线到墙内边缘距离；

0.09——轴线到墙内边缘距离；

3.6——卧室宽度；

0.9——M—4洞口的宽度；

0.24——内墙的厚度；

2——左右对称两卧室。

b. 二层工程量：

卧室：(3.9−0.12−0.09)×(3.6−0.12−0.09)×2+0.9×0.24×2=25.45m²

【注释】 3.9——卧室深度；

0.12——轴线到墙内边缘距离；

0.09——轴线到墙内边缘距离；

3.6——卧室宽度；

0.9——M—4洞口的宽度；

0.24——内墙的厚度；

2——左右对称两卧室。

总的工程量为：25.45+25.45=50.90m²

5）楼梯工程量（图4-18～图1-20）

① 硬木扶手（楼梯扶手按延长米计算）

一跑踏步水平投影长：0.3×(12+1)=3.9m

扶手高：1.0m

扶手斜长：$\sqrt{(3.9)^2+(1.0)^2}=4.03$m

楼梯井宽：0.1m

二跑踏步投影长：0.3×(10+1)=3.3m

扶手高：1.0m

扶手斜长：$\sqrt{(3.3)^2+(1.0)^2}=3.45$m

总长度=4.03+3.45+0.1+1.25=8.83m

弯头：2个

【注释】　0.3——一个踏步宽；

12——第一跑台阶数；

10——第二跑台阶数；

0.1——一楼与二楼转折处扶手长度；

1.25——顶层水平扶手长度。

②钢筋（楼梯扶手按延长米计算）：

竖向钢筋工程量：22×1.0=22m

斜向钢筋工程量：

一跑踏步投影长：0.3×(12+1)=3.9m

扶手高：1.0m

扶手斜长：$\sqrt{(3.9)^2+(1.0)^2}=4.03$m

二跑踏步投影长：0.3×(10+1)=3.3m

扶手高：1.0m

扶手斜长：$\sqrt{(3.3)^2+(1.0)^2}=3.45$m

总长度=4.03+3.45+1.25+0.1+22=30.83m

【注释】　22——竖向钢筋的个数（同台阶数量，每个台阶上设一根竖钢筋）；

1.0——为竖向钢筋的长度；

0.3——一个踏步宽；

12——第一跑台阶数；

10——第二跑台阶数；

0.1——一楼与二楼转折处扶手长度；

1.25——顶层水平扶手长度。

③ 防滑条（防滑条采用细钢筋制作，每个台阶上的防滑条长1.1m）：

防滑条的工程量：1.1×(12+10)=24.2m

【注释】　1.1——一根防滑条的长度；

12——第一跑楼梯的台阶数；

10——第二跑楼梯的台阶数。

6）楼梯水泥砂浆面层（图4-1）

楼梯装饰面层（包括整体面层、块料面层、地毯面层）按设计图示尺寸以楼梯（包括踏步、休息平台及 500mm 以内的楼梯井）水平投影面积计算。楼梯与楼地面相连时，算至梯口梁内侧边沿；无梯口梁者，算至最上一层踏步边沿加 300mm。

工程量＝4.73×(2.6－0.12×2)－0.4×(2.6－0.12×2)/2＝10.69m²

【注释】　4.73——台阶和休息平台的长度 3600＋1020＋200（楼梯梁宽 200mm）－90＝4730mm；

2.6——楼梯间轴线之间的距离；

0.12——轴线到墙边缘的距离；

0.4——二跑台阶比一跑台阶短的长度；

2——楼梯间净宽的一半长度。

7）现浇水磨石台阶面（图 4-1）

按照设计图示尺寸以台阶（包括最上层踏步边沿加 300mm）水平投影面积计算。

工程量＝2.6×0.3×3＋0.3×2.6＝3.12m²

【注释】　2.6——台阶长度；

0.3——台阶宽度；

3——台阶数量；

0.3×2.6——最上层踏步边沿加 300mm 的水平投影面积。

（2）墙、柱面工程量（图 4-1、图 4-2、图 4-12）

该建筑墙为空心混凝土砌块，内墙抹水泥砂浆，150mm 高水泥砂浆踢脚线，外墙刷涂料，底部 1m 高设墙裙，贴瓷砖。

1）内墙抹灰工程量（图 4-1）

① 一层的工程量：

a. 餐厅：

[(2.6－0.12－0.12)＋(2.9－0.12＋0.12)×2]×2×(3.3－0.12－0.6)＝42.11m²

【注释】　2.9——餐厅深度；

0.12——轴线到墙外边距离；

0.12——轴线到内墙边缘距离；

2.6——餐厅宽度；

前一个 2——对称的两面墙体；

最后一个 2——左右对称两餐厅；

3.3——层高；

0.12——板厚；

0.6——顶棚底面到楼层底面的距离。

b. 厨房：

[(3.9－0.09－0.12)×2＋(2.1－0.24)×2]×2×(3.3－0.12－0.6)＝57.28m²

【注释】　3.9——厨房深度；

0.12——轴线到墙内边缘距离；

0.09——轴线到墙内边缘距离；

2.1——厨房宽度；

前面两个 2——对称的两面墙体；

最后一个2——左右对称两厨房；
3.3——层高；
0.12——板厚；
0.6——顶棚底面到楼层底面的距离。

c. 过道：

[(1.8+0.12−0.09)×2+(2.1−0.12+0.12)+(3.6−0.09+0.12)+(1.5−0.12−0.12)×2]×2×(3.3−0.12−0.6)=45.51m²

【注释】 1.5——过道宽度；
0.12——轴线到墙内边缘的距离；
1.8——卫生间在过道边的长；
2.1——厨房在过道边的长；
3.6——卧室在过道边的长；
1.5——过道的宽度，1.5乘的2表示左右对称的两面墙；
最后一个2——左右对称两过道；
3.3——层高；
0.12——板厚；
0.6——顶棚底面到楼层底面的距离。

d. 客厅：

[(4.2−0.24)+(3.9+0.12−0.09)+(3.9−0.12−0.09)+(1.45−0.12)]×2×(3.3−0.12−0.6)=66.62m²

【注释】 3.9——客厅深度；
0.12——轴线到墙内边缘距离；
0.09——轴线到墙内边缘距离；
4.2——客厅宽度；
0.24——墙厚；
1.45——Ⓑ轴线、⑤、⑦轴线间墙长度；
2——左右对称两客厅；
3.3——层高；
0.12——板厚；
0.6——顶棚底面到楼层底面的距离。

e. 楼梯间：

[(2.9+1.5+1.0+0.6−0.12−0.09)×2+(2.6−0.12−0.12)×2]×(3.3−0.12−0.6)=42.05m²

【注释】 1.5——Ⓑ、Ⓒ轴线之间的距离；
2.9——Ⓒ、Ⓓ轴线之间的距离；
1.5——Ⓓ、Ⓔ轴线之间的距离；
0.6——Ⓔ、Ⓕ轴线之间的距离；
0.12+0.09——轴线到墙边缘的距离；
0.12——轴线到墙内边缘的距离；

2.6——楼梯间的宽度；

3.3——层高；

0.12——板厚；

0.6——顶棚底面到楼层底面的距离。

∑=42.11+57.28+45.51+66.62+42.05=253.6m²

总的工程量：253.6×2=507.2m²

【注释】　2——一二两层。

② 应扣除的门窗洞口面积（窗户计算为宽×高×数量，因为窗户在外墙，计算时只算一面）：

a. C—1：1.8×1.5×8=21.6m²

【注释】　1.8——窗的长；

1.5——窗的高度；

8——窗的数量。

b. C—2：1.5×1.5×5=11.25m²

【注释】　1.5——窗的长；

1.5——窗的高度；

5——窗的数量。

c. M—1：1.8×2.0=3.6m²

【注释】　1.8——门长；

2.0——门高。

d. M—2：0.8×2.1×4×2+0.8×2.1×4×1=20.16m²

【注释】　0.8——门的宽度；

2.1——门的高度；

4——厨房一二层的4个门；

2——为厨房一二层的4个门在内墙两面各计算一次故乘2；

1——一二层卫生间的门，因为卫生间内墙贴瓷砖，门只计算了一次。

e. M—3：1.0×2.1×4×2=16.8m²

【注释】　1.0——门的宽度；

2.1——门的高度；

4——门的数量。

f. M—4：0.9×2.1×4×2+0.9×2.1×2×2=22.68m²

【注释】　0.9——门的宽度；

2.1——门的高度；

4——门的数量；

2——门的两个面；

4——阳台门的数量，只计算一个面。

∑=21.6+11.25+3.6+20.16+16.8+22.68=96.09m²

内墙总的抹灰工程量=507.2−96.09=411.11m²

【注释】　室内墙面抹灰工程量=主墙间净长度×墙面高度−门窗所占面积+垛的侧

面抹灰面积。按设计图示尺寸以面积计算。扣除墙裙、门窗洞口及单个 $0.3m^2$ 以外的孔洞面积，不扣除踢脚线、挂镜线和墙与构件交接处的面积，门窗洞口和孔洞的侧壁及顶面不增加面积。门窗参数见门窗表4-1。

2）卫生间贴瓷砖工程量

① 一层工程量：

卫生间：[(3.9－0.12－0.09)×2＋(1.8－0.12－0.09)×2)]×2×(3.3－0.12－0.6)＝54.49m^2

【注释】　室内墙面贴瓷砖工程量＝主墙间净长度×墙面高度－门窗所占面积＋垛的侧面抹灰面积。

0.12——半墙厚；

0.09——轴线到外墙内边缘的距离；

1.8——卫生间宽度；

3.9——卫生间深度；

3.3——层高；

0.12——板厚；

0.6——天棚地面到屋顶底面的高度。

② 二层工程量：

[(3.9－0.12－0.09)×2＋(1.8－0.12－0.09)×2]×2×(3.3－0.12－0.6)＝54.49m^2

【注释】　0.12——半墙厚；

0.09——轴线到外墙内边缘的距离；

1.8——卫生间宽度；

3.9——卫生间深度；

3.3——层高；

0.12——板厚；

0.6——天棚地面到屋顶底面的高度。

C—3：1.0×1.5×4＝6m^2

【注释】　1.0——窗的宽度；

1.5——窗的高度；

4——窗的数量。

M—2：0.8×2.1×4＝6.72m^2

【注释】　0.8——门的宽度；

2.1——门的高度；

4——门的数量。

总的工程量＝54.49＋54.49－6－6.72＝96.26m^2

3）外墙抹灰工程量（图4-12、图4-9）

① 墙面刷涂料：

外墙长：(15.6＋0.15×2)×2＋(9.3＋0.15×2)×2＋(1.0＋0.15－0.12)×2×2＋(0.6＋0.15－0.15)×2＝56.32m

【注释】 15.6——外墙①～⑪轴线之间的距离；

0.15——①～⑪轴线到外墙外边缘的距离；

括号外的2——前后两面墙体；

9.3——Ⓐ、Ⓔ轴线之间的距离；

(1.0+0.15−0.15)×2×2中：

1.0——阳台凹进去出增加的侧面长；

第一个2——一个阳台处左右两面墙体；

后一个2——左右对称两户阳台；

(0.6+0.15−0.12)×2中：

0.6——楼梯间突出部分增加的侧面墙体；

0.15——轴线Ⓔ到柱子外边线的距离；

0.12——轴线Ⓓ交轴线②～④的半墙厚度；

2——左右两个侧面。

C—1：$1.8\times1.5\times8=21.6m^2$

【注释】 1.8——窗子的宽度；

1.5——窗子的高度；

8——窗子的数量。

C—2：$1.5\times1.5\times5=11.25m^2$

【注释】 1.5——窗子的宽度和高度；

5——窗子的数量。

C—3：$1.0\times1.5\times4=6m^2$

【注释】 1.0——窗子的宽度；

1.5——窗子的高度；

4——窗子的数量。

M—1：$1.8\times(2.0-1.0)=1.8m^2$

【注释】 1.8——门的宽度；

2.0——门和高；

1.0——外墙墙裙的高度，因为墙裙部分的门，在墙裙里已经减去了。

M—4：$0.9\times2.1\times2+0.9\times(2.1-1.0)\times2=5.76m^2$

【注释】 0.9——门的宽；

2.1——门的高度；

2——二层阳台门的数量；

1.0——墙裙高，因为墙裙部分的门，在墙裙里已经减去了；

最后一个2——一层阳台门的数量。

$\sum=21.6+11.25+6+1.8+5.76=46.41m^2$

总的工程量$=56.32\times(3.3+3.3+1.0+0.45-1.0)-46.41=350.646m^2$

【注释】 3.3——为一二层层高；

第一个1.0——女儿墙的高度；

0.45——室内外高差；

第二个1.0——底层墙裙的高度。

② 墙裙贴瓷砖：

外墙长：(15.6+0.15×2)×2+(9.3+0.15×2)×2+(1.0+0.15−0.12)×2×2+(0.6+0.15−0.15)×2=56.32m

【注释】 15.6——外墙①～⑪轴线之间的距离；

0.15——①～⑪轴线到外墙外边缘的距离；

括号外的2——前后两面墙体；

9.3——Ⓐ、Ⓔ轴线之间的距离；

(1.0+0.15−0.12) ×2×2 中：

1.0——阳台凹进去出增加的侧面长；

0.15——轴线Ⓔ到柱子外边线的距离；

0.12——轴线Ⓓ交轴线②～④的半墙厚度；

第一个2——一个阳台处左右两面墙体；

后一个2——左右对称两户阳台；

0.6——楼梯间突出部分增加的侧面墙体；

2——左右两个侧面。

M—1：1.8×1.0=1.8m^2

【注释】 1.8——门的宽度；

1.0——墙裙的高度。

M—4：0.9×1.0×2=1.8m^2

【注释】 0.9——门的宽度；

1.0——墙裙的高度；

2——门的数量。

总的工程量=56.32×1.0−1.8−1.8=52.72m^2

4）阳台表面喷砂

① 侧立面：{(2.6−0.24)+(1.0+0.15−0.12)×2}×1.0×4=17.68m^2

【注释】 2.6——阳台边②、④轴线之间的距离；

0.24——两边两轴与墙外表面距离之和；

(1.0+0.15−0.12)×2——两侧面长度；

1.0——阳台高度；

4——阳台数量。

② 底面：(2.6−0.24)×(1.0+0.15−0.12)×4=9.72m^2

【注释】 2.6——阳台边②、④轴线之间的距离；

0.24——两边两轴与墙外表面距离之和；

1.0——阳台向外突出长度；

0.15——轴线Ⓔ到柱子外边线的距离；

0.12——轴线Ⓓ交轴线②—④的半墙厚度；

4——阳台数量。

(3）顶棚工程量

1）轻钢龙骨吊顶工程量（图 4-6、图 4-7）

客厅、卧室、过道、餐厅均采用轻钢龙骨吊顶其工程量计算如下：

① 一层顶棚工程量：

a. 客厅：

[(3.9−0.12−0.09)×(4.2−0.12−0.12)+0.24×(4.2−1.45−0.12)]×2=30.49m^2

【注释】 3.9——客厅深度；

0.12——轴线到墙内边缘距离；

0.09——轴线到墙内边缘距离；

4.2——客厅宽度；

0.24——墙厚；

1.45——Ⓑ轴线、⑤、⑦轴线间墙长度；

2——左右对称两客厅。

b. 过道：

(1.5−0.12−0.12)×(1.8+2.6+2.1−0.09−0.12)×2=15.85m^2

【注释】 1.5——过道宽度；

0.09、0.12——轴线到墙内边缘的距离；

1.8——①、②轴线之间的距离；

2.6——②、④轴线之间的距离；

2.1——④、⑤轴线之间的距离；

2——左右对称两过道。

c. 卧室：

(3.9−0.12−0.09)×(3.6−0.12−0.09)×2=25.02m^2

【注释】 3.9——卧室深度；

0.12——轴线到墙内边缘距离；

0.09——轴线到墙内边缘距离；

3.6——卧室宽度；

2——左右对称两卧室。

d. 餐厅：

2.9×(2.6−0.12−0.12)×2=13.69m^2

【注释】 2.9——餐厅深度；

2.6——餐厅宽度；

0.12——轴线到墙外边距离；

2——左右对称两餐厅。

∑=30.48+15.85+25.02+13.69=85.04m^2

② 二层顶棚工程量：

a. 客厅：

[(3.9−0.12−0.09)×(4.2−0.12−0.12)+0.24×(4.2−1.45−0.12)]×2=30.48m^2

【注释】 3.9——客厅深度；

0.12——轴线到墙内边缘距离；

0.09——轴线到墙内边缘距离；
4.2——客厅宽度；
0.24——墙厚；
1.45——Ⓑ轴线、⑤、⑦轴线间墙长度；
2——左右对称两客厅。

b. 过道：

$(1.5-0.12-0.12)\times(1.8+2.6+2.1-0.09-0.12)\times2=15.85m^2$

【注释】　1.5——过道宽度；
0.09、0.12——轴线到墙内边缘的距离；
1.8——①、②轴线之间的距离；
2.6——②、④轴线之间的距离；
2.1——④、⑤轴线之间的距离；
2——左右对称两过道。

c. 卧室：

$(3.9-0.12-0.09)\times(3.6-0.12-0.09)\times2=25.02m^2$

【注释】　3.9——卧室深度；
0.12——轴线到墙内边缘距离；
0.09——轴线到墙内边缘距离；
3.6——卧室宽度；
2——左右对称两卧室。

d. 餐厅：

$2.9\times(2.6-0.12-0.12)\times2=13.69m^2$

【注释】　2.9——餐厅深度；
2.6——餐厅宽度；
0.12——轴线到墙外边距离；
2——左右对称两餐厅。

$\sum=30.48+15.85+25.02+13.69=85.04m^2$

总的工程量：$\sum=85.04+85.04=170.08m^2$

【注释】　龙骨吊顶按设计图示尺寸以水平投影面积计算。不扣除间壁墙、检查口、附墙烟囱、柱垛和管道所占的面积，扣除单个0.3m² 以外的孔洞、独立柱及与顶棚相连的窗帘盒所占的面积。

2）铝扣板吊顶工程量（图4-6、图4-7）

厨房和卫生间采用铝扣板吊顶，工程量计算如下：

① 一层工程量：

a. 卫生间：

$(1.8-0.09-0.12)\times(3.9-0.12-0.09)\times2=11.74m^2$

【注释】　1.8——卫生间宽度；
0.12——半墙厚；
0.09——轴线到外墙内边缘的距离；

3.9——卫生间深度；

2——左右对称两卫生间。

b. 厨房：

(3.9－0.12－0.09)×(2.1－0.12－0.12)×2＝13.72m²

【注释】 3.9——厨房深度；

0.12——轴线到墙内边缘距离；

0.09——轴线到墙内边缘距离；

2.1——厨房宽度；

2——左右对称两厨房。

∑＝11.74＋13.72＝25.46m²

一二层总的工程量∑＝25.46＋25.46＝50.92m²

【注释】 两个 25.46 表示一二两层。龙骨吊顶按设计图示尺寸以水平投影面积计算。不扣除间壁墙、检查口、附墙烟囱、柱垛和管道所占的面积，扣除单个 0.3m² 以外的孔洞、独立柱及与顶棚相连的窗帘盒所占的面积。

(4) 门窗工程工程量（该工程门窗表见表 4-1）

1) 窗帘盒工程量（窗帘盒沿窗户宽度增加 300mm 计算）

① C—1：(1.8＋0.3)×8＝16.8m

【注释】 1.8——窗的宽度；

0.3——窗增加的 300mm；

8——窗户的数量。

② C—2：(1.5＋0.3)×5＝9.0m

【注释】 1.5 为窗的宽度，0.3 为窗增加的 300mm，5 为窗户的数量。

③ C—3：(1.0＋0.3)×4＝5.2m

【注释】 1.0——窗的宽度；

0.3——窗增加的 300mm；

4——窗户的数量。

总的工程量为：∑＝16.8＋9.0＋5.2＝31.0m

2) 木制窗的工程量（图 4-30～图 4-32）

① C—1：1.8×1.5×8＝21.6m²

【注释】 1.8——窗子的宽度；

1.5——窗子的高；

8——窗子的数量。

② C—2：1.5×1.5×5＝11.25m²

【注释】 1.5——窗子的宽度；

1.5——窗子的高；

5——窗子的数量。

③ C—3：1.0×1.5×4＝6.0m²

【注释】 1.0——窗子的宽度；

1.5——窗子的高；

4——窗子的数量。

总的工程量为：$\sum$=21.6+11.25+6.0=38.85m^2

3）窗台板的工程量（如图4-23，30mm厚）

① C—1：1.8×0.12×8=1.73m^2

【注释】 1.8——窗子的宽度；

8——C—1的数量；

0.12——窗台板的宽度。

② C—2：1.5×0.12×5=0.9m^2

【注释】 1.5——窗子的宽；

5——C—2的数量；

0.12——窗台板的宽度。

③ C—3：1.0×0.12×4=0.48m^2

【注释】 1.0——窗子的宽；

4——C—3的数量；

0.12——窗台板的宽度。

总的工程量：$\sum$=1.73+0.9+0.48=3.11m^2

4）门工程量（图4-26、图4-28、图4-29）

M—1：1.8×2.0×1=3.6m^2

【注释】 1.8——门宽；

2.0——门高；

1——门的数量。

M—2：0.8×2.1×8=13.44m^2

【注释】 0.8——门宽；

2.1——门高；

8——门的数量。

M—3：1.0×2.1×4=8.4m^2

【注释】 1.0——门宽；

2.1——门的高；

4——门的数量。

M—4：0.9×2.1×8=15.12m^2

【注释】 0.9——门的宽；

2.1——门的高；

8——门的数量。

（5）油漆、涂料、裱糊工程工程量

1）窗的油漆工程量

C—1：1800×1500共8樘，1.8×1.5×8=21.6m^2

C—2：1500×1500共5樘，1.5×1.5×5=11.25m^2

C—3：1000×1500共4樘，1×1.5×4=6m^2

窗油漆工程量=8+5+4=17樘

【注释】　窗数量见门窗表 4-1。

2）窗帘盒的油漆工程量（窗帘盒沿窗户宽度增加 300mm 计算）

C—1：(1.8+0.3)×8=16.8m

【注释】　1.8——窗的宽度；

0.3——窗增加的 300mm；

8——窗户的数量。

C—2：(1.5+0.3)×5=9.0m

【注释】　1.5 为窗的宽度，0.3 为窗增加的 300mm，5 为窗户的数量。

C—3：(1.0+0.3)×4=5.2m

【注释】　1.0——窗的宽度；

0.3——窗增加的 300mm；

4——窗户的数量。

总的工程量为：∑=16.8+9.0+5.2=31.0m

3）窗台板的油漆工程量（30mm 厚）

C—1：1.8×0.12×8=1.73m^2

【注释】　1.8——窗的宽度；

8——数量。

C—2：1.5×0.12×5=0.9m^2

【注释】　1.5——窗子的宽；

5——窗子的数量。

C—3：1.0×0.12×4=0.48m^2

【注释】　1.0——窗的宽度；

4——数量。

总的工程量=1.73+0.9+0.48=3.11m^2

4）门的油漆工程量

M—2：800×2100 共 8 樘，0.8×2.1×8=13.44m^2

M—4：900×2100 共 8 樘，0.9×2.1×8=15.12m^2

【注释】　门数量见门窗表 4-1。

（6）其他工程工程量

1）卫生间墙面（图 4-25）

① 镜面玻璃工程量

0.9×1.0×2×2=3.6m^2

【注释】　0.9——玻璃宽；

1.0——玻璃高；

第一个 2——左右对称两户；

第二个 2——上下两层。

② 不锈钢毛巾架工程量

1×2×2=4 套

【注释】　1——毛巾架的数量；

第一个2——左右对称两户；

第二个2——上下两层。

③ 900mm×900mm的洗漱台面工程量

0.9×0.9×4＝3.24m^2

【注释】　0.9——洗漱台的长；

0.9——洗漱台的宽；

4——一二两层共4户。

2）雨篷抹灰工程量（图4-24）

雨篷底面：1.0×2.6＝2.6m^2

【注释】　1.0——雨篷外挑长度；

2.6——雨篷宽度。

雨篷侧立面：1.0×(0.07＋0.06)×2＝0.26m^2

【注释】　1.0——雨篷外挑长度；

0.07——雨篷板厚度；

0.06——雨篷侧立面高出雨篷板的高度；

2——两个侧立面。

雨篷前立面：(2.6－0.06×2)×(0.06＋0.07)＝0.32m^2

【注释】　2.6——雨篷宽度；

0.07——雨篷板厚度；

0.06——雨篷侧立面的厚度；

第二个括号内的0.06——雨篷前立面高度。

雨篷顶面抹灰：[1.0×2＋(2.6－0.06×2)]×0.06＝0.27m^2

【注释】　1.0——雨篷外挑长度；

2——雨篷的两边侧壁顶面的抹灰；

0.06——前立面宽度；

2.6——雨篷外挑长度；

0.06——雨篷侧立面的厚度。

总的工程量：2.6＋0.26＋0.32＋0.27＝3.45m^2

清单工程量计算见表5-2。

清单工程量计算表　　　　**表5-2**

序号	项目编码	项目名称	项目特征描述	计算单位	工程量
1	011102003001	块料楼地面	卫生间，阳台，厨房300mm×300mm防滑砖	m^2	61.62
2	011102003002	块料楼地面	客厅，过道，餐厅800mm×800mm仿古砖	m^2	120.06
3	011105003001	现浇水磨石踢脚线	高度150mm	m^2	44.93
4	011106001001	花岗石楼梯面	磨光花岗石楼梯面，1：4干硬性水泥砂浆粘贴	m^2	10.69
5	011503002001	硬木扶手，铁栏杆	硬木扶手，铁栏杆	m	8.83
6	010507001001	防滑坡道	水泥砂浆面	m^2	2.6
7	010507001002	散水	宽900mm散水，混凝土面一次抹光	m^2	31.2

续表

序号	项目编码	项目名称	项目特征描述	计算单位	工程量
8	011107005001	台阶面层	现浇水磨石台阶面	m^2	3.12
9	011201001001	内墙一般抹灰	混水内墙，240mm 厚，1：3 石灰砂浆，厚(18+2)mm	m^2	411.11
10	011201001002	外墙一般抹灰	混水外墙，240mm 厚，1：2.5 水泥砂浆厚(15+8)mm	m^2	350.65
11	011204003001	块料墙面	外墙(墙裙)贴瓷砖 150×150	m^2	52.72
12	011204003002	块料墙面	内墙(卫生间、厨房)贴瓷砖 150×150	m^2	96.26
13	011302001001	顶棚吊顶	顶棚 U 形轻钢龙骨架(不上人)，500×500，平面式吊顶	m^2	170.08
14	011302001002	顶棚吊顶	顶棚铝合金轻型龙骨架(不上人)，500×500，平面式吊顶	m^2	50.92
15	010806001001	木质平开窗	C—1 平开窗，木质，框外围尺寸为：1800mm×1500mm	m^2	21.6
16	010806001002	木质平开窗	C—2 平开窗，木质，框外围尺寸为：1500mm×1500mm	m^2	11.25
17	010806001003	木质平开窗	C—3 平开窗，木质，框外围尺寸为：1000mm×1500mm	m^2	6
18	010805001001	电子感应门	M—1 钢质子母门，框外围尺寸为 1800mm×2000mm	m^2	3.6
19	010802002001	彩板门	M—2 木质，平开门外围尺寸为：800mm×2100mm	m^2	13.44
20	010802002002	彩板门	M—4 木质，平开门外围尺寸为 900mm×2100mm	m^2	15.12
21	010802004001	防盗门	M—3 钢质防盗门，平开，门外框尺寸为 1000mm×2100mm	m^2	8.4
22	010810002001	木窗帘盒	硬木，双规	m	31.0
23	010809001001	木窗台板	木窗台板，板厚 30mm	m^2	3.11
			油漆工程		
24	010806001001	木质平开窗	C—1 平开窗，木质，框外围尺寸为 1800mm×1500mm	m^2	21.6
25	010806001002	木质平开窗	C—2 平开窗，木质，框外围尺寸为 1500mm×1500mm	m^2	11.25
26	010806001003	木质平开窗	C—3 平开窗，木质，框外围尺寸为 1000mm×1500mm	m^2	6
27	010802002001	彩板门	M—2 木质，平开门外围尺寸为 800mm×2100mm	m^2	13.44
28	010802002002	彩板门	M—4 木质，平开门外围尺寸为 900mm×2100mm	m^2	15.12
29	011403001001	木扶手油漆	木扶手(无托板)，一油粉三调和漆	m	8.83
30	011403002001	窗帘盒油漆	一油粉三调和漆	m	31.0

续表

序号	项目编码	项目名称	项目特征描述	计算单位	工程量
31	011404002001	窗台板油漆	一油粉三调和漆	m^2	3.11
32	011505001001	洗漱台	大理石面，单孔	个	4
33	011505006001	毛巾架	不锈钢毛巾架	套	4
34	011505004001	浴缸拉手	不锈钢拉手	个	4
35	011505010001	镜面玻璃	带框	m^2	3.6

某二层住宅装饰装修工程预算表　　**表 5-3**

序号	定额编号	分项工程名称	计量单位	工程数量	综合单价（元）	其中（元）					合计（元）
						人工费	材料费	机械费	管理费	利润	
1	1—36	地板砖楼地面规格：300mm×300mm	$100m^2$	0.62	5735.9	1458.13	3323.96	48.82	562.19	342.8	3556.26
2	1—40	地板砖楼地面规格：800mm×800mm	$100m^2$	1.20	7759.39	1297.74	5608.96	46.96	500.53	305.2	9311.27
3	1—78	现浇水磨石踢脚线高度 150mm	$100m^2$	0.45	14957.73	8270.19	966.23	19.16	3159.3	2542.85	6730.98
4	1—86	磨光花岗石楼梯面	$100m^2$	0.11	26537.17	4389.01	18859.89	226.15	1696.58	1365.54	2919.09
5	1—109	硬木扶手，铁栏杆	10m	0.88	1599.45	282.51	1073.16	51.71	114.96	77.11	1407.516
6	1—157	防滑坡道水泥砂浆面	$100m^3$	0.026	3691.43	1809.01	702.05	19.16	695.03	466.18	95.977
7	1—155	散水，混凝土面一次抹光	$100m^2$	0.31	582.24	257.57	154.3	4.33	99.38	66.66	180.494
8	1—130	现浇水磨石台阶面层	$100m^2$	0.03	17125.38	9414.42	1670.07	29.06	3598.32	2413.51	513.76
9	2—1	石灰砂浆厚 18+2mm	$100m^2$	4.11	1136.55	639.41	161.52	17.43	198.49	119.70	4671.22
10	2—24	水泥砂浆砌筑加气混凝土墙厚 15+8mm	$100m^2$	3.51	1764.19	735.3	534.47	17.93	285.2	191.29	6192.31
11	2—80	加气混凝土墙贴瓷砖 150×150	$100m^2$	0.53	7335.33	2822.52	2681.27	22.87	1082.56	726.11	3887.72
12	2—80	加气混凝土墙墙贴瓷砖 150×150	$100m^2$	0.96	7335.33	2822.52	2681.27	22.87	1082.56	726.11	7041.917
13	3—20	顶棚 U 形轻钢龙骨架（不上人），500×500 平面式吊顶	$100m^2$	1.70	3627.82	804.96	2077.8	—	408.1	336.96	6167.294
14	3—28	顶棚 T 形铝合金轻型龙骨架（不上人），规格 600×600 以内，平面式	$100m^2$	0.51	4008.75	834.20	2387.43	15.00	422.92	349.20	2044.463

续表

序号	定额编号	分项工程名称	计量单位	工程数量	综合单价（元）	其中/元					合计（元）
						人工费	材料费	机械费	管理费	利润	
15	4—44	C—1 平开窗，木质，双扇有亮子	100m^2	0.22	14318.32	3178.56	8912.77	364.2	1212.29	650.5	3150.03
16	4—44	C—2 平开窗，木质，双扇有亮子	100m^2	0.11	14318.32	3178.56	8912.77	364.2	1212.29	650.5	1575.015
17	4—42	C—3 平开窗，木质，单扇有亮子	100m^2	0.06	17140.16	3886.34	10533.81	442.44	1482.23	795.34	1028.4096
18	4—31	电子感应自动门制作安装　双扇无亮、平开式	100m^2	0.04	29367.04	8055.19	16529.75	61.39	3072.21	1648.5	1174.682
19	4—5	M—2 装饰木质，单扇、无亮	100m^2	0.13	30853.33	2030.89	27463.22	169.03	774.57	415.62	4010.933
20	4—5	M—4 装饰木质，单扇、无亮	100m^2	0.15	30853.33	2030.89	27463.22	169.03	774.57	415.62	4628
21	4—20	M—3 成品门安装钢质防盗门	100m^2	0.08	15197.72	1186.8	13271.96	43.44	452.64	242.88	1215.818
22	4—101	木窗帘盒硬木，双规	100m	0.31	5798.53	971.26	4233.26	24.63	370.48	198.79	1797.54
23	4—111	木窗台板，板厚30mm以内	100m^2	0.03	9054.97	857.85	7527.93	166.45	327.18	175.56	271.65
24	5—24	C—1 单扇木窗油调和漆　一油粉三调和漆	100m^2	0.22	3821.19	1556.17	1106.94	—	593.52	564.56	840.6618
25	5—24	C—2 单扇木窗油调和漆　一油粉三调和漆	100m^2	0.11	3821.19	1556.17	1106.94	—	593.52	564.56	420.3309
26	5—24	C—3 单扇木窗油调和漆　一油粉三调和漆	100m^2	0.06	3821.19	1556.17	1106.94	—	593.52	564.56	229.2714
27	5—2	M—2 单层木门调和漆　一油粉三调和漆	100m^2	0.13	4042.12	1556.17	1327.87	—	593.52	564.56	525.476
28	5—2	M—4 单层木门调和漆　一油粉三调和漆	100m^2	0.15	4042.12	1556.17	1327.87	—	593.52	564.56	606.318
29	5—46	木扶手（无托板）一油粉三调和漆	100m	0.09	863.89	422.26	127.39	—	161.05	153.19	77.7501
30	5—69	其他木材面调和漆　一油粉三调和漆	100m	0.31	2573.83	1091.34	670.33	—	416.23	395.93	797.89

续表

序号	定额编号	分项工程名称	计量单位	工程数量	综合单价（元）	其中/元					合计（元）
						人工费	材料费	机械费	管理费	利润	
31	5—69	窗台板油漆　一油粉三调和漆	100m²	0.03	2573.83	1091.34	670.33	—	416.23	395.93	77.21
32	6—9	洗漱台大理石面，单孔	个	4	563.75	175.44	276.52	—	66.91	44.88	2255
33	6—14	不锈钢毛巾架	10 套	0.4	625.2	10.32	605.3	3	3.94	2.64	250.08
34	6—15	不锈钢拉手	10 套	0.4	602.37	9.29	584.06	3.1	3.54	2.38	240.948
35	6—19	带框镜面玻璃 1m² 以内	10m²	0.36	1351.82	188.34	1033.47	10	71.83	48.18	486.6552
合　计											83131.25

分部分项工程量清单与计价见表 5-4。

分部分项工程量清单与计价表　　　　**表 5-4**

工程名称：某二层住宅装饰装修工程　　　　标段：　　　　第　页　共　页

序号	项目编码	项目名称	项目特征描述	计量单位	工程量	金额（元）		
						综合单价	合价	其中：暂估价
1	011102003001	块料楼地面	卫生间，阳台，厨房 300mm×300mm 防滑砖	m²	61.62	57.36	3534.52	
2	011102003002	块料楼地面	客厅，过道，餐厅 800mm×800mm 防滑砖	m²	120.06	77.59	9315.46	
3	011105003001	现浇水磨石踢脚线	高度 150mm	m²	44.93	149.58	6720.63	
4	011106001001	花岗石楼梯面	磨光花岗石楼梯面，1∶4 干硬性水泥砂浆粘贴	m²	10.69	265.37	2836.81	
5	011503002001	硬木扶手，铁栏杆	硬木扶手，铁栏杆	m	8.83	159.95	1634.689	
6	010507001001	防滑坡道	水泥砂浆面	m²	2.6	36.91	377.2202	
7	010507001002	散水	宽 900mm 散水，混凝土面一次抹光	m²	31.2	5.82	181.584	
8	011107005001	台阶面层	现浇水磨石台阶面	m²	3.12	171.25	534.3	
9	011201001001	内墙一般抹灰	混水内墙，240mm 厚，1∶3 石灰砂浆	m²	411.11	11.37	4674.32	
10	011201001002	外墙一般抹灰	混水外墙，240mm 厚，1∶2.5 水泥砂浆	m²	350.65	17.64	6185.47	
11	011204003001	块料墙面	外墙贴瓷砖 150×150	m²	52.72	73.35	3867.01	
12	011204003002	块料墙面	内墙贴瓷砖 150×150	m²	96.26	73.35	7060.671	
13	011302001001	顶棚吊顶	顶棚 U 形轻钢龙骨架（不上人），500×500 平面式吊顶	m²	170.08	36.28	6170.50	

续表

序号	项目编码	项目名称	项目特征描述	计量单位	工程量	金额(元)		
						综合单价	合价	其中：暂估价
14	011302001002	顶棚吊顶	顶棚铝合金轻型龙骨架(不上人)，500×500，平面式吊顶	m^2	50.92	40.09	2041.3828	
15	010806001001	木质平开窗	平开窗，木质，框外围尺寸为1800mm×1500mm	m^2	21.6	143.18	3092.688	
16	010806001002	木质平开窗	平开窗，木质，框外围尺寸为1500mm×1500mm	m^2	11.25	143.18	1610.775	
17	010806001003	木质平开窗	平开窗，木质，框外围尺寸为1000mm×1500mm	m^2	6	171.4	1028.4	
18	010805001001	电子感应门	钢质子母门，框外围尺寸为1800mm×2000mm	m^2	3.6	293.67	1057.212	
19	010802002001	彩板门	木质，平开门外围尺寸为800mm×2100mm	m^2	13.44	308.53	4146.643	
20	010802002002	彩板门	木质，平开门外围尺寸为900mm×2100mm	m^2	15.12	308.53	4664.974	
21	010802004001	防盗门	钢质防盗门，平开，门外框尺寸为1000mm×2100mm	m^2	8.4	151.98	1276.632	
22	010810002001	木窗帘盒	硬木，双规	m	31.0	57.99	1797.69	
23	010809001001	木窗台板	木窗台板，板厚30mm	m^2	3.11	90.5497	281.6069	
			油漆工程					
24	010806001001	木质平开窗	平开窗，木质，框外围尺寸为1800mm×1500mm	m^2	21.6	38.21	825.336	
25	010806001002	木质平开窗	平开窗，木质，框外围尺寸为1500mm×1500mm	m^2	11.25	38.21	429.863	
26	010806001003	木质平开窗	平开窗，木质，框外围尺寸为1000mm×1500mm	m^2	6	38.21	229.26	
27	010802002001	彩板门	木质，平开门外围尺寸为800mm×2100mm	m^2	13.44	40.42	543.2448	
28	010802002002	彩板门	木质，平开门外围尺寸为900mm×2100mm	m^2	15.12	40.42	611.1504	
29	011403001001	木扶手油漆	木扶手(无托板)，一油粉三调和漆	m	8.83	8.64	76.2912	
30	011403002001	窗帘盒油漆	一油粉三调和漆	m	31.0	25.74	797.94	
31	011404002001	窗台板油漆	一油粉三调和漆	m^2	3.11	2.57	7.99	
32	011505001001	洗漱台	大理石面，单孔	个	4	563.75	2255	
33	011505006001	毛巾架	不锈钢毛巾架	套	4	62.52	250.08	

续表

序号	项目编码	项目名称	项目特征描述	计量单位	工程量	金额(元)		
						综合单价	合价	其中：暂估价
34	011505004001	浴缸拉手	不锈钢拉手	个	4	60.24	240.96	
35	011505010001	镜面玻璃	带框	m^2	3.6	135.18	486.648	
合　计							83968.20	

2. 定额工程量

注：本"定额工程量"的计算规则是根据《河南省建设工程工程量清单综合单价(2008)——B装饰装修工程》，以及定额子目的套用同样是参照该定额。

(1) 楼地面

1) 水磨石踢脚线（高为150mm）工程量

总的工程量＝44.93m^2

【注释】 工程量计算详见清单工程量。

2) 防滑坡道工程量

做法：200厚3∶7灰土垫层，100厚C15混凝土，20厚1∶2水泥砂浆抹面。

① 1∶2水泥砂浆工程量：2.6m^2

【注释】 工程量计算方法同清单工程量计算。

② C15混凝土工程量：0.26m^3

【注释】 工程量计算方法同清单工程量计算。

3) 散水工程量

做法：混凝土为C10，面层为一次性水泥砂浆抹光。

工程量＝31.2m^2

【注释】 工程量计算同清单工程量。

4) 地面工程量

① 卫生间、阳台、厨房300×300防滑砖：

总的工程量：61.62m^2

【注释】 工程量计算同清单工程量。

② 客厅、餐厅、过道800×800仿古砖：

总的工程量：120.06m^2

【注释】 工程量计算同清单工程量。

③ 卧室铺木地板：

做法：铺在间距为400mm的木格栅上，木楞为60×60，在木格栅上铺钉毛地板，在毛地板上粘接木地板。

总的工程量：50.90m^2

【注释】 工程量计算同清单工程量。

5) 楼梯工程量

① 硬木扶手（楼梯扶手按延长米计算）：

总长度＝4.03＋3.45＋0.1＋1.25＝8.83m

弯头：2 个

【注释】 工程量计算方法同清单工程量计算。

② 钢筋（楼梯扶手按延长米计算）：

总长度=30.83m

【注释】 工程量计算方法同清单工程量计算。

③ 防滑条（防滑条采用细钢筋制作，每个台阶上的防滑条长 1.1m）：

防滑条的工程量：24.2m

【注释】 工程量计算方法同清单工程量计算。

6）楼梯水泥砂浆面层

工程量：10.69m^2

【注释】 工程量计算同清单工程量。

7）现浇水磨石台阶面：

工程量：3.12m^2

【注释】 工程量计算同清单工程量。

（2）墙、柱面工程量

该建筑墙为空心混凝土砌块，内墙抹水泥砂浆，150mm 高水泥砂浆踢脚线，外墙刷涂料，底部 1m 高设墙裙，贴瓷砖。

1）内墙抹灰工程量

内墙总的抹灰工程量：411.11m^2

【注释】 工程量计算同清单工程量。

2）卫生间贴瓷砖工程量

总的工程量：96.26m^2

【注释】 工程量计算同清单工程量。

3）外墙抹灰工程量

总的工程量：350.646m^2

【注释】 工程量计算同清单工程量。

4）阳台表面喷砂

侧立面：17.68m^2

【注释】 工程量计算同清单工程量。

底面：9.72m^2

【注释】 工程量计算同清单工程量。

（3）顶棚工程量

1）轻钢龙骨吊顶工程量

客厅、卧室、过道、餐厅均采用轻钢龙骨吊顶其工程量计算如下：

总的工程量：$\sum=85.04+85.04=170.08m^2$

【注释】 工程量计算同清单工程量。

2）铝扣板吊顶工程量

厨房和卫生间采用铝扣板吊顶，工程量计算如下：

总的工程量：50.92m^2

【注释】 工程量计算同清单工程量。

(4) 门窗工程工程量

1) 窗帘盒工程量(窗帘盒沿窗户宽度增加300mm计算)

总的工程量:31.0m

【注释】 工程量计算同清单工程量。

2) 木制窗的工程量

C—1:21.6m^2

【注释】 工程量计算同清单工程量。

C—2:11.25m^2

【注释】 工程量计算同清单工程量。

C—3:6.0m^2

【注释】 工程量计算同清单工程量。

3) 窗台板的工程量

总的工程量:3.11m^2

4) 门工程量

M—1的工程量:3.6m^2

【注释】 工程量计算同清单工程量。

M—2的工程量:13.44m^2

【注释】 工程量计算同清单工程量。

M—3的工程量:8.4m^2

【注释】 工程量计算同清单工程量。

M—4的工程量:15.12m^2

【注释】 工程量计算同清单工程量。

(5) 油漆、涂料、裱糊工程工程量

1) 窗的油漆工程量

一油粉三调和漆:

C—1:1800×1500共8樘,21.6m^2

C—2:1500×1500共5樘,11.25m^2

C—3:1000×1500共4樘,6m^2

窗油漆工程量:8+5+4=17樘

【注释】 窗数量见门窗表。

2) 门的油漆工程量

一油粉三调和漆:

M—2:800×2100共8樘,13.44m^2

M—4:900×2100共8樘,15.12m^2

【注释】 门数量见门窗表。

3) 木扶手油漆

一油粉三调和漆工程量:8.83m

【注释】 工程量计算同上木扶手工程量。

4）窗帘盒油漆：一油粉三调和漆（修改和删去）（窗帘盒沿窗户宽度增加300mm计算）

总的工程量：31.0m

5）窗台板油漆工程（一油粉三调和漆）：

C—1：(1.8+0.1)×[(0.24−0.1)÷2+0.01+0.05]×8=1.98m²

【注释】 1.8——窗子的宽度；

0.24——墙厚；

0.1——窗户宽度；

2——计算窗台内侧的板；

0.01——240墙体粉刷层厚度；

0.05——窗台板突出墙体部分长；

8——数量。

C—2：(1.5+0.1)×[(0.24−0.1)÷2+0.01+0.05]×5=1.04m²

【注释】 1.5——窗子的宽；

0.24——墙厚；

0.1——窗户宽度；

2——计算窗台内侧的板；

0.01——墙体粉刷层厚；

0.05——窗台板突出墙体部分长；

5——窗子的数量。

C—3：(1.0+0.1)×[(0.24−0.1)÷2+0.01+0.05]×4=0.57m²

【注释】 1.0——窗子的宽；

0.24——墙厚；

0.1——窗户宽度；

2——计算窗台内侧的板；

0.01——墙体粉刷层厚；

0.05——窗台板突出墙体部分长；

4——数量。

总的工程量=1.98+1.04+0.57=3.59m²

（6）其他工程工程量

1）卫生间墙面：

① 镜面玻璃工程量（带框）的工程量：3.6m²

【注释】 工程量计算同清单工程量。

② 不锈钢毛巾架工程量：4套

【注释】 工程量计算同清单工程量。

③ 900mm×900mm的洗漱台面工程量：3.24m²

【注释】 工程量计算同清单工程量。

2）雨篷抹灰工程量

总的工程量：2.6+0.26+0.32+0.27=3.45m²

【注释】 工程量计算同清单工程量。

5.4 某二层住宅精装工程综合单价分析

如表5-5～表5-39所示。

工程量清单综合单价分析表 **表5-5**

工程名称：某二层住宅装饰装修工程 标段： 第1页 共35页

项目编码	011102003001	项目名称	块料楼地面	计量单位	m^2	工程量	61.62

清单综合单价组成明细											
定额编号	定额名称	定额单位	数量	单价				合价			
				人工费	材料费	机械费	管理费和利润	人工费	材料费	机械费	管理费和利润
1－36	地板砖楼地面	$100m^2$	0.01	1458.13	3323.96	48.82	904.99	14.58	33.2396	0.4882	9.05
人工单价		小计						14.58	33.2396	0.4882	9.05
43元/工日		未计价材料						—			
清单项目综合单价								57.36			

材料费明细	主要材料名称、规格、型号	单位	数量	单价（元）	合价（元）	暂估单价（元）	暂估合价（元）
	地板砖300×300	千块	1.134	2500	2835		
	水泥砂浆1∶4	m^3	2.16	194.06	419.1696		
	素水泥浆	m^3	0.1	421.78	42.178		
	白水泥	kg	10	0.42	4.2		
	石料切割锯片	片	0.32	12	3.84		
	水	m^3	3	4.05	12.15		
	其他材料费			1	7.42	—	
	材料费小计			—	3323.958	—	

工程量清单综合单价分析表 **表5-6**

工程名称：某二层住宅装饰装修工程 标段： 第2页 共35页

项目编码	011102003002	项目名称	块料楼地面	计量单位	m^2	工程量	120.06

清单综合单价组成明细											
定额编号	定额名称	定额单位	数量	单价				合价			
				人工费	材料费	机械费	管理费和利润	人工费	材料费	机械费	管理费和利润
1－40	地板砖楼地面	$100m^2$	0.01	1297.74	5608.96	46.96	805.73	12.98	56.0896	0.4696	8.06
人工单价		小计						12.98	56.0896	0.4696	8.06
43元/工日		未计价材料									
清单项目综合单价								77.60			

材料费明细	主要材料名称、规格、型号	单位	数量	单价（元）	合价（元）	暂估单价（元）	暂估合价（元）
	地板砖800×800	千块	0.16	32000	5120		
	水泥砂浆1∶4	m^3	2.16	194.06	419.1696		
	素水泥浆	m^3	0.1	421.78	42.178		
	白水泥	kg	10	0.42	4.2		

续表

材料费明细	主要材料名称、规格、型号	单位	数量	单价（元）	合价（元）	暂估单价（元）	暂估合价（元）
	石料切割锯片	片	0.32	12	3.84		
	水	m^3	3	4.05	12.15		
	其他材料费			1	7.42	—	
	材料费小计			—	5608.958	—	

工程量清单综合单价分析表

表 5-7

工程名称：某二层住宅装饰装修工程　　标段：　　第 3 页　共 35 页

项目编码	011105003001	项目名称	现浇水磨石踢脚线	计量单位	m^2	工程量	44.93

定额编号	定额名称	定额单位	数量	单价 人工费	单价 材料费	单价 机械费	单价 管理费和利润	合价 人工费	合价 材料费	合价 机械费	合价 管理费和利润
清单综合单价组成明细											
1—78	现浇水磨石踢脚线	$100m^2$	0.01	8270.19	966.23	19.16	5702.15	82.70	9.6623	0.1916	57.02
人工单价		小计						82.70	9.6623	0.1916	57.02
43元/工日		未计价材料						—			
清单项目综合单价								149.58			

材料费明细	主要材料名称、规格、型号	单位	数量	单价（元）	合价（元）	暂估单价（元）	暂估合价（元）
	水泥白石子浆 1∶2	m^3	1.2	372.18	446.616		
	水泥砂浆 1∶3	m^3	1.6	195.94	313.504		
	素水泥浆	m^3	0.1	421.78	42.178		
	清油	kg	0.53	20	10.6		
	煤油	kg	4	5	20		
	油漆溶剂油	kg	0.53	3.5	1.855		
	硬白蜡	kg	2.67	9	24.03		
	草酸	kg	1	6.88	6.88		
	金刚石 三角	块	33.33	2.39	79.6587		
	水	m^3	3.33	4.05	13.4865		
	其他材料费			1	7.42	—	
	材料费小计			—	966.2282	—	

工程量清单综合单价分析表

表 5-8

工程名称：某二层住宅装饰装修工程　　标段：　　第 4 页　共 35 页

项目编码	011106001001	项目名称	石材楼梯面层	计量单位	m^2	工程量	10.69

定额编号	定额名称	定额单位	数量	单价 人工费	单价 材料费	单价 机械费	单价 管理费和利润	合价 人工费	合价 材料费	合价 机械费	合价 管理费和利润
清单综合单价组成明细											
1—86	花岗石楼梯面	$100m^2$	0.01	4389.01	18859.89	226.15	3062.12	43.89	188.5989	2.2615	30.62
人工单价		小计						43.89	188.5989	2.2615	30.62
43元/工日		未计价材料						—			
清单项目综合单价								265.37			

续表

材料费明细	主要材料名称、规格、型号	单位	数量	单价(元)	合价(元)	暂估单价(元)	暂估合价(元)
	花岗石板 300×300×30	m²	144.69	120	17362.8		
	水泥砂浆 1:4	m³	3.93	194.06	762.6558		
	水泥砂浆 1:1	m³	0.17	229.62	39.0354		
	素水泥浆	m³	0.32	421.78	134.9696		
	混合砂浆 1:1:6	m³	2.69	157.02	422.3838		
	麻刀石灰浆	m³	0.28	119.42	33.4376		
	白水泥	kg	14	0.42	5.88		
	石料切割锯片	kg	1.72	12	20.64		
	水	m³	4.1	4.05	16.605		
	其他材料费			1	61.48	—	
	材料费小计			—	18859.89	—	

工程量清单综合单价分析表 **表5-9**

工程名称：某二层住宅装饰装修工程　　标段：　　第5页　共35页

项目编码	011503002001	项目名称	硬木扶手，铁栏杆	计量单位	m	工程量	8.83

定额编号	定额名称	定额单位	数量	单价 人工费	单价 材料费	单价 机械费	单价 管理费和利润	合价 人工费	合价 材料费	合价 机械费	合价 管理费和利润
清单综合单价组成明细											
1—109	硬木扶手	10m	0.1	282.51	1073.16	51.71	192.07	28.25	107.316	5.171	19.21
人工单价		小计						28.25	107.316	5.171	19.21
43元/工日		未计价材料						—			
清单项目综合单价								159.95			

材料费明细	主要材料名称、规格、型号	单位	数量	单价(元)	合价(元)	暂估单价(元)	暂估合价(元)
	硬木扶手 成品	m	10.6	50	530		
	铁栏杆	kg	126	4.2	529.2		
	电焊条(综合)	kg	2.82	4	11.28		
	木螺钉 30mm	千个	0.101	26.5	2.6765		
	其他材料费			—		—	
	材料费小计			—	1073.157	—	

工程量清单综合单价分析表 **表5-10**

工程名称：某二层住宅装饰装修工程　　标段：　　第6页　共35页

项目编码	010507001001	项目名称	防滑坡道	计量单位	m²	工程量	2.60

定额编号	定额名称	定额单位	数量	单价 人工费	单价 材料费	单价 机械费	单价 管理费和利润	合价 人工费	合价 材料费	合价 机械费	合价 管理费和利润
清单综合单价组成明细											
1—157	防滑坡道	100m²	0.01	1809.01	702.05	19.16	1161.21	18.09	7.0205	0.1916	11.61
人工单价		小计						18.09	7.0205	0.1916	11.61

续表

43元/工日	未计价材料	—
清单项目综合单价		36.91

材料费明细	主要材料名称、规格、型号	单位	数量	单价（元）	合价（元）	暂估单价（元）	暂估合价（元）
	水泥砂浆 1∶2	m^3	2.76	229.62	633.7512		
	素水泥浆	m^3	0.11	421.78	46.3958		
	水	m^3	4.1	4.05	16.605		
	其他材料费			1	5.3	—	
	材料费小计			—	702.052	—	

工程量清单综合单价分析表　　　　**表 5-11**

工程名称：某二层住宅装饰装修工程　　　　标段：　　　　第 7 页　共 35 页

项目编码	010507001002	项目名称	散水	计量单位	m^2	工程量	31.20

清单综合单价组成明细

定额编号	定额名称	定额单位	数量	单价				合价			
				人工费	材料费	机械费	管理费和利润	人工费	材料费	机械费	管理费和利润
1—155	散水	100m^2	0.01	257.57	154.3	4.33	166.04	2.58	1.543	0.0433	1.66
人工单价		小　计						2.58	1.543	0.0433	1.66
43元/工日		未计价材料						—			
清单项目综合单价								5.82			

材料费明细	主要材料名称、规格、型号	单位	数量	单价（元）	合价（元）	暂估单价（元）	暂估合价（元）
	水泥砂浆 1∶1	m^3	0.51	264.66	134.9766		
	水	m^3	3.2	4.05	12.96		
	其他材料费			1	6.36	—	
	材料费小计			—	154.2966	—	

工程量清单综合单价分析表　　　　**表 5-12**

工程名称：某二层住宅装饰装修工程　　　　标段：　　　　第 8 页　共 35 页

项目编码	011107005001	项目名称	台阶面层	计量单位	m^2	工程量	3.12

清单综合单价组成明细

定额编号	定额名称	定额单位	数量	单价				合价			
				人工费	材料费	机械费	管理费和利润	人工费	材料费	机械费	管理费和利润
1—130	台阶面层	100m^2	0.01	9414.42	1670.07	29.06	6011.83	94.14	16.7007	0.2906	60.12
人工单价		小　计						94.14	16.7007	0.2906	60.12
43元/工日		未计价材料						—			
清单项目综合单价								171.25			

材料费明细	主要材料名称、规格、型号	单位	数量	单价（元）	合价（元）	暂估单价（元）	暂估合价（元）
	水泥砂浆 1∶3	m^3	2.42	195.94	474.1748		
	素水砂浆	m^3	0.32	421.78	134.9696		
	水泥白石子浆 1∶2	m^3	1.96	372.18	729.4728		
	水泥 32.5	t	0.2	280	56		

续表

	主要材料名称、规格、型号	单位	数量	单价（元）	合价（元）	暂估单价（元）	暂估合价（元）
材料费明细	清油	kg	0.85	20	17		
	煤油	kg	6.4	5	32		
	油漆溶剂油	kg	0.85	3.5	2.975		
	硬白蜡	kg	4.2	9	37.8		
	草酸	kg	1.6	6.88	11.008		
	金刚石、三角	块	52	2.39	124.28		
	水	m^3	9.3	4.05	37.665		
	其他材料费			1	12.72	—	
	材料费小计			—	1670.065	—	

工程量清单综合单价分析表　　**表5-13**

工程名称：某二层住宅装饰装修工程　　标段：　　第9页　共35页

项目编码	011201001001	项目名称	内墙一般抹灰	计量单位	m^2	工程量	411.11

清单综合单价组成明细

定额编号	定额名称	定额单位	数量	单价				合价			
				人工费	材料费	机械费	管理费和利润	人工费	材料费	机械费	管理费和利润
2—1	石灰砂浆18+2mm	$100m^2$	0.01	639.41	161.52	17.43	318.19	6.39	1.62	0.1743	3.18
人工单价		小　计						6.39	1.62	0.1743	3.18
43元/工日		未计价材料						—			
清单项目综合单价								11.36			

	主要材料名称、规格、型号	单位	数量	单价（元）	合价（元）	暂估单价（元）	暂估合价（元）
材料费明细	石灰砂浆1∶3	m^3	1.890	67.23	127.0647		
	水泥砂浆1∶2	m^3	0.023	229.62	5.28126		
	麻刀石灰浆	m^3	0.202	119.42	24.12284		
	水	m^3	0.2	4.05	0.81		
	其他材料费			1	4.24	—	
	材料费小计			—	161.52	—	

工程量清单综合单价分析表　　**表5-14**

工程名称：某二层住宅装饰装修工程　　标段：　　第10页　共35页

项目编码	011201001002	项目名称	外墙一般抹灰	计量单位	m^2	工程量	350.65

清单综合单价组成明细

定额编号	定额名称	定额单位	数量	单价				合价			
				人工费	材料费	机械费	管理费和利润	人工费	材料费	机械费	管理费和利润
2—24	水泥砂浆	$100m^2$	0.01	735.3	534.47	17.93	476.49	7.35	5.3447	0.1793	4.76

续表

人工单价	小 计				7.35	5.3447	0.1793	4.76
43元/工日	未计价材料				—			
清单项目综合单价					17.64			
材料费明细	主要材料名称、规格、型号	单位	数量	单价（元）	合价（元）	暂估单价（元）	暂估合价（元）	
	水泥砂浆 1∶2.5	m^3	0.891	218.62	194.7904			
	混合砂浆 1∶0.5∶4	m^3	1.737	181.22	314.7791			
	水泥 32.5	t	0.012	280	3.36			
	建筑胶	kg	8	2	16			
	水	m^3	0.32	4.05	1.296			
	其他材料费			1	4.24	—		
	材料费小计			—	534.4656	—		

工程量清单综合单价分析表 表 5-15

工程名称：某二层住宅装饰装修工程 标段： 第11页 共35页

项目编码	011204003001	项目名称	块料墙面		计量单位	m^2	工程量	52.72			
清单综合单价组成明细											
定额编号	定额名称	定额单位	数量	单价				合价			
				人工费	材料费	机械费	管理费和利润	人工费	材料费	机械费	管理费和利润
2—80	贴瓷砖	$100m^2$	0.01	2822.52	2681.27	22.87	1808.67	28.23	26.8127	0.2287	18.09
人工单价		小 计						28.23	26.8127	0.2287	18.09
43元/工日		未计价材料						—			
清单项目综合单价								73.35			

材料费明细	主要材料名称、规格、型号	单位	数量	单价（元）	合价（元）	暂估单价（元）	暂估合价（元）
	白瓷砖 150×150	千块	4.556	474	2159.544		
	水泥砂浆 1∶1	m^3	0.4	264.66	105.864		
	混合砂浆 1∶0.5∶4	m^3	1.6	181.22	289.952		
	素水泥浆	m^3	0.101	421.78	42.59978		
	白水泥	kg	15	0.42	6.3		
	水泥 32.5	t	0.012	280	3.36		
	建筑胶	kg	32	2	64		
	水	m^3	0.29	4.05	1.1745		
	其他材料费			1	8.48	—	
	材料费小计			—	2681.274	—	

工程量清单综合单价分析表　　　　表 5-16

工程名称：某二层住宅装饰装修工程　　　　标段：　　　　第12页　共35页

项目编码	011204003002	项目名称	块料墙面	计量单位	m^2	工程量	92.26

清单综合单价组成明细										
定额编号	定额名称	定额单位	数量	单价				合价		
				人工费	材料费	机械费	管理费和利润	人工费	材料费	机械费	管理费和利润
2—80	贴瓷砖	$100m^2$	0.01	2822.52	2681.27	22.87	1808.67	28.23	26.8127	0.2287	18.09
人工单价		小　计						28.23	26.8127	0.2287	18.09
43元/工日		未计价材料						—			
清单项目综合单价								73.35			

材料费明细	主要材料名称、规格、型号	单位	数量	单价（元）	合价（元）	暂估单价（元）	暂估合价（元）
	白瓷砖 150×150	千块	4.556	474	2159.544		
	水泥砂浆 1∶1	m^3	0.4	264.66	105.864		
	混合砂浆 1∶0.5∶4	m^3	1.6	181.22	289.952		
	素水泥浆	m^3	0.101	421.78	42.59978		
	白水泥	kg	15	0.42	6.3		
	水泥 32.5	t	0.012	280	3.36		
	建筑胶	kg	32	2	64		
	水	m^3	0.29	4.05	1.1745		
	其他材料费			1	8.48	—	
	材料费小计			—	2681.274	—	

工程量清单综合单价分析表　　　　表 5-17

工程名称：某二层住宅装饰装修工程　　　　标段：　　　　第13页　共35页

项目编码	011302001001	项目名称	天棚吊顶	计量单位	m^2	工程量	170.08

清单综合单价组成明细											
定额编号	定额名称	定额单位	数量	单价				合价			
				人工费	材料费	机械费	管理费和利润	人工费	材料费	机械费	管理费和利润
3—20	顶棚U形轻钢龙骨架（不伤人）	$100m^2$	0.01	804.96	2077.8	—	745.06	8.05	20.778	—	7.45
人工单价		小　计						8.05	20.778	—	7.45
43元/工日		未计价材料						—			
清单项目综合单价								36.28			

材料费明细	主要材料名称、规格、型号	单位	数量	单价（元）	合价（元）	暂估单价（元）	暂估合价（元）
	U形顶棚轻钢大龙骨 h38	m^3	133.33	1.85	246.6605		
	U形顶棚轻钢中龙骨 h19	m	197.99	2.7	534.573		
	顶棚轻钢中龙骨横撑 h19	m	200	2.7	540		
	U形顶棚轻钢龙骨主接件 h38	个	66	0.21	13.86		
	U形轻钢龙骨次接件	个	116	0.8	92.8		

续表

	主要材料名称、规格、型号	单位	数量	单价（元）	合价（元）	暂估单价（元）	暂估合价（元）
材料费明细	U形轻钢大龙骨垂直挂掉件 h38	个	145	0.21	30.45		
	U形轻钢龙骨垂直挂件	个	235	0.5	117.5		
	U形轻钢中龙骨平面连接件	个	352	0.25	88		
	钢拉杆	kg	34.24	3	102.72		
	铁件	kg	40	5.2	208		
	机螺钉	kg	1.22	8.5	10.37		
	螺母	百个	3.52	15.6	54.912		
	垫圈	百个	1.76	5.05	8.888		
	射钉	个	153	0.19	29.07		
	其他材料费			—		—	
	材料费小计			—	2077.804	—	

工程量清单综合单价分析表 **表 5-18**

工程名称：某二层住宅装饰装修工程　　标段：　　第 14 页　共 35 页

项目编码	011302001002	项目名称	天棚吊顶	计量单位	m^2	工程量	50.92				
清单综合单价组成明细											
定额编号	定额名称	定额单位	数量	单价				合价			
				人工费	材料费	机械费	管理费和利润	人工费	材料费	机械费	管理费和利润
3—28	顶棚 T 形铝合金轻型龙骨架（不上人）	$100m^2$	0.01	834.20	2387.43	15.00	772.12	8.34	23.87	0.15	7.72
人工单价		小计						8.34	23.87	0.15	7.72
43 元/工日		未计价材料						—			
清单项目综合单价								40.08			

	主要材料名称、规格、型号	单位	数量	单价（元）	合价（元）	暂估单价（元）	暂估合价（元）
材料费明细	T形顶棚大龙骨 h38	m	125.700	1.20	150.84		
	T形铝合金顶棚中龙骨、条板龙骨 h35	m	198.000	4.10	811.8		
	T形铝合金顶棚小龙骨 h22	m	182.010	2.95	536.9295		
	T形铝合金顶棚边龙骨 h35、h30	m	26.640	3.30	87.912		
	铝合金顶棚龙骨主接件 h50 以内	个	58.000	1.3	75.4		
	铝合金顶棚龙骨次接件边接件	个	16.000	0.75	12		
	铝合金大龙骨垂直吊挂件 h50 以内	个	145	1.0	145		
	铝合金中龙骨垂直挂吊件 h50 以内　大龙骨	个	235	0.25	58.75		
	钢拉杆	kg	34.24	3	102.72		
	铁件	kg	40	5.2	208		
	金属胀锚螺栓	套	130.000	1.00	130.000		
	机螺钉	kg	1.4	8.5	11.9		
	螺母	百个	1.500	15.6	23.4		
	垫圈	百个	0.75	5.05	3.7875		

续表

材料费明细	主要材料名称、规格、型号	单位	数量	单价（元）	合价（元）	暂估单价（元）	暂估合价（元）
	射钉	个	152.000	0.19	28.88		
	其他材料费			1.00	15.00	—	
	材料费小计			—	2387.43	—	

工程量清单综合单价分析表　　**表 5-19**

工程名称：某二层住宅装饰装修工程　　标段：　　第15页　共35页

项目编码	010806001001	项目名称	木质平开窗	计量单位	m^2	工程量	21.60

定额编号	定额名称	定额单位	数量	单价				合价			
				人工费	材料费	机械费	管理费和利润	人工费	材料费	机械费	管理费和利润
4—44	木平开窗双扇有亮子	$100m^2$	0.01	3178.56	8912.77	364.2	1862.79	31.79	89.1277	3.642	18.63
人工单价		小计						31.79	89.1277	3.642	18.63
43元/工日		未计价材料						—			
清单项目综合单价								143.18			

材料费明细	主要材料名称、规格、型号	单位	数量	单价（元）	合价（元）	暂估单价（元）	暂估合价（元）
	板方木材 综合规格	m^3	2.167	1550	3358.85		
	木材干燥费	m^3	2.167	59.38	128.6765		
	板方木材 综合规格	m^3	1.648	1550	2554.4		
	木材干燥费	m^3	1.648	59.38	97.85824		
	麻刀石浆	m^3	0.187	119.42	22.33154		
	平板玻璃 5mm	m^2	69.904	21	1467.984		
	板方木材 综合规格	m^3	0.259	1550	401.45		
	小五金费	元	568.52	1	568.52		
	其他材料费			1	312.7	—	
	材料费小计			—	8912.77	—	

工程量清单综合单价分析表　　**表 5-20**

工程名称：某二层住宅装饰装修工程　　标段：　　第16页　共35页

项目编码	010806001002	项目名称	木质平开窗	计量单位	m^2	工程量	11.25

定额编号	定额名称	定额单位	数量	单价				合价			
				人工费	材料费	机械费	管理费和利润	人工费	材料费	机械费	管理费和利润
4—44	木平开窗双扇有亮子	$100m^2$	0.01	3178.56	8912.77	364.2	1862.79	31.79	89.1277	3.642	18.63

续表

人工单价	小　计					31.79	89.1277	3.642	18.63
43元/工日	未计价材料					—			
清单项目综合单价						143.18			

	主要材料名称、规格、型号	单位	数量	单价（元）	合价（元）	暂估单价（元）	暂估合价（元）
材料费明细	板方木材 综合规格	m^3	2.167	1550	3358.85		
	木材干燥费	m^3	2.167	59.38	128.6765		
	板方木材 综合规格	m^3	1.648	1550	2554.4		
	木材干燥费	m^3	1.648	59.38	97.85824		
	麻刀石浆	m^3	0.187	119.42	22.33154		
	平板玻璃 5mm	m^2	69.904	21	1467.984		
	板方木材 综合规格	m^3	0.259	1550	401.45		
	小五金费	元	568.52	1	568.52		
	其他材料费			1	312.7	—	
	材料费小计			—	8912.77	—	

工程量清单综合单价分析表　　**表 5-21**

工程名称：某二层住宅装饰装修工程　　标段：　　第17页　共35页

项目编码	010806001003	项目名称	木质平开窗	计量单位	m^2	工程量	6.00

清单综合单价组成明细											
定额编号	定额名称	定额单位	数量	单价				合价			
				人工费	材料费	机械费	管理费和利润	人工费	材料费	机械费	管理费和利润
4—42	木平开窗单扇有亮子	$100m^2$	0.01	3886.34	10533.81	442.44	2277.57	38.86	105.33	4.4244	22.7757
人工单价		小　计						38.86	105.33	4.4244	22.7757
43元/工日		未计价材料						—			
清单项目综合单价								171.14			

	主要材料名称、规格、型号	单位	数量	单价（元）	合价（元）	暂估单价（元）	暂估合价（元）
材料费明细	板方木材 综合规格	m^3	3.103	1550	4809.65		
	木材干燥费	m^3	3.103	59.38	184.25614		
	板方木材 综合规格	m^3	1.659	1550	2571.45		
	木材干燥费	m^3	1.659	59.38	98.51142		
	麻刀石浆	m^3	0.299	119.42	35.70658		
	平板玻璃 5mm	m^2	62.703	21	1316.763		
	板方木材 综合规格	m^3	0.407	1550	630.85		
	小五金费	元	657.660	1	657.660		
	其他材料费			1	228.96	—	
	材料费小计			—	10533.81	—	

工程量清单综合单价分析表 表 5-22

工程名称：某二层住宅装饰装修工程 标段： 第18页 共35页

项目编码	010805001001	项目名称	电子感应门	计量单位	m^2	工程量	3.60

清单综合单价组成明细											
定额编号	定额名称	定额单位	数量	单价				合价			
				人工费	材料费	机械费	管理费和利润	人工费	材料费	机械费	管理费和利润
4—31	电子自动门制作安装	$100m^2$	0.01	8055.19	16529.75	61.39	4720.71	80.55	165.2975	0.6139	47.21
人工单价		小计						80.55	165.2975	0.6139	47.21
43元/工日		未计价材料						—			
清单项目综合单价								293.67			

材料费明细	主要材料名称、规格、型号	单位	数量	单价（元）	合价（元）	暂估单价（元）	暂估合价（元）
	不锈钢自动门边框	m	110.89	95	10534.55		
	浮法玻璃 10mm	m^2	100	45	4500		
	钢门窗用地脚	个	397	2.5	992.5		
	镀锌螺栓 M4×10	套	971	0.2	194.2		
	玻璃胶 310g	支	31.68	8.5	269.28		
	其他材料费			1	39.22	—	
	材料费小计			—	16529.75	—	

工程量清单综合单价分析表 表 5-23

工程名称：某二层住宅装饰装修工程 标段： 第19页 共35页

项目编码	010802002001	项目名称	彩板门	计量单位	m^2	工程量	13.44

清单综合单价组成明细											
定额编号	定额名称	定额单位	数量	单价				合价			
				人工费	材料费	机械费	管理费和利润	人工费	材料费	机械费	管理费和利润
4—5	装饰木门	$100m^2$	0.01	2030.89	27463.22	169.03	1190.19	20.31	274.6322	1.6903	11.90
人工单价		小计						20.31	274.6322	1.6903	11.90
43元/工日		未计价材料						—			
清单项目综合单价								308.53			

材料费明细	主要材料名称、规格、型号	单位	数量	单价（元）	合价（元）	暂估单价（元）	暂估合价（元）
	中密度纤维板（筒子板）厚 80mm	m^2	77.77	21	1633.17		
	微薄板（筒子板贴皮）厚 0.6mm	m^2	55.56	15	833.4		
	子口条	m	545.56	4.5	2455.02		
	门框装饰线（贴脸）宽 60mm	m	566.64	8	4533.12		
	木螺钉 30mm	千个	2.158	26.5	57.187		
	万能胶	kg	16.2	18	291.6		
	膨胀胶	支	119	25	2975		
	装饰木门扇 成品	m^2	87.86	160	14057.6		
	小五金费	元	418.3	1	418.3		
	其他材料费			1	208.82	—	
	材料费小计			—	27463.22	—	

工程量清单综合单价分析表 **表 5-24**

工程名称：某二层住宅装饰装修工程　　标段：　　第 20 页　共 35 页

项目编码	010802002002	项目名称	彩板门	计量单位	m^2	工程量	15.12

清单综合单价组成明细											
定额编号	定额名称	定额单位	数量	单价				合价			
				人工费	材料费	机械费	管理费和利润	人工费	材料费	机械费	管理费和利润
4—5	装饰木门	100m^2	0.01	2030.89	27463.22	169.03	1190.19	20.31	274.6322	1.6903	11.90
人工单价		小计						20.31	274.6322	1.6903	11.90
43 元/工日		未计价材料						—			
清单项目综合单价								308.53			

	主要材料名称、规格、型号	单位	数量	单价（元）	合价（元）	暂估单价（元）	暂估合价（元）
材料费明细	中密度纤维板（筒子板）厚 80mm	m^2	77.77	21	1633.17		
	微薄板（筒子板贴皮）厚 0.6mm	m^2	55.56	15	833.4		
	子口条	m	545.56	4.5	2455.02		
	门框装饰线（贴脸）宽 60mm	m	566.64	8	4533.12		
	木螺钉 30mm	千个	2.158	26.5	57.187		
	万能胶	kg	16.2	18	291.6		
	膨胀胶	支	119	25	2975		
	装饰木门扇　成品	m^2	87.86	160	14057.6		
	小五金费	元	418.3	1	418.3		
	其他材料费			1	208.82	—	
	材料费小计			—	27463.22	—	

工程量清单综合单价分析表 **表 5-25**

工程名称：某二层住宅装饰装修工程　　标段：　　第 21 页　共 35 页

项目编码	010802004001	项目名称	防盗门	计量单位	m^2	工程量	8.40

清单综合单价组成明细											
定额编号	定额名称	定额单位	数量	单价				合价			
				人工费	材料费	机械费	管理费和利润	人工费	材料费	机械费	管理费和利润
4—20	钢防盗门	100m^2	0.01	1186.8	13271.96	43.44	695.52	11.87	132.7196	0.4344	6.96
人工单价		小计						11.87	132.7196	0.4344	6.96
43 元/工日		未计价材料						—			
清单项目综合单价								151.98			

	主要材料名称、规格、型号	单位	数量	单价（元）	合价（元）	暂估单价（元）	暂估合价（元）
材料费明细	防盗门 钢质	m^2	96.2	135	12987		
	金属胀锚螺栓	套	268	1	268		
	其他材料费			1	16.96	—	
	材料费小计			—	13271.96	—	

工程量清单综合单价分析表 　　　　表 5-26

工程名称：某二层住宅装饰装修工程　　　　标段：　　　　第22页　共35页

项目编码	010810002001	项目名称	木窗帘盒				计量单位	m	工程量	31.00	
清单综合单价组成明细											
定额编号	定额名称	定额单位	数量	单价				合价			
				人工费	材料费	机械费	管理费和利润	人工费	材料费	机械费	管理费和利润
4—101	硬木窗帘盒	100m	0.01	971.37	4233.26	24.63	569.27	9.71	42.3326	0.2463	5.69
人工单价		小　计						9.71	42.3326	0.2463	5.69
43元/工日		未计价材料						—			
清单项目综合单价								57.99			
材料费明细	主要材料名称、规格、型号					单位	数量	单价（元）	合价（元）	暂估单价（元）	暂估合价（元）
	硬木　一等中小板方才					m^3	0.957	1750	1674.75		
	铝合金窗帘轨带支撑　成品					m	244	8.51	2076.44		
	铁件					kg	49.32	5.2	256.464		
	金属胀锚螺栓					套	110.2	1	110.2		
	螺栓　圆头带垫圈　一级6×35					百个	3.3	10	33		
	木螺钉35mm					千个	0.11	32	3.52		
	圆钉70mm					kg	2.86	5.3	15.158		
	醇酸防锈漆　红丹					kg	0.19	14	2.66		
	木材干燥费					元	0.957	59.38	56.82666		
	其他材料费							1	4.24	—	
	材料费小计							—	4233.259	—	

工程量清单综合单价分析表 　　　　表 5-27

工程名称：某二层住宅装饰装修工程　　　　标段：　　　　第23页　共35页

项目编码	010809001001	项目名称	木窗台板				计量单位	m^2	工程量	3.11	
清单综合单价组成明细											
定额编号	定额名称	定额单位	数量	单价				合价			
				人工费	材料费	机械费	管理费和利润	人工费	材料费	机械费	管理费和利润
4—111	木窗台板	$100m^2$	0.01	857.85	7527.93	166.45	502.74	8.5785	75.2793	1.6645	5.0274
人工单价		小　计						8.5785	75.2793	1.6645	5.0274
43元/工日		未计价材料						—			
清单项目综合单价								90.5497			
材料费明细	主要材料名称、规格、型号					单位	数量	单价（元）	合价（元）	暂估单价（元）	暂估合价（元）
	板方木材 综合规格					m^3	4.643	1550	7196.65		
	木材干燥费					m^3	4.008	59.38	237.995		
	其他材料费							1	93.28	—	
	材料费小计							—	7527.925	—	

工程量清单综合单价分析表　　　　表 5-28

工程名称：某二层住宅装饰装修工程　　　　标段：　　　　第 24 页　共 35 页

项目编码	010806001001	项目名称	木质平开窗	计量单位	m^2	工程量	21.60

清单综合单价组成明细											
定额编号	定额名称	定额单位	数量	单价				合价			
				人工费	材料费	机械费	管理费和利润	人工费	材料费	机械费	管理费和利润
5—24	单层木窗油调和漆	$100m^2$	0.01	1556.17	1106.94	—	1158.08	15.56	11.0694	—	11.58
人工单价		小　计						15.56	11.0694	—	11.58
43 元/工日		未计价材料						—			
清单项目综合单价								38.21			

	主要材料名称、规格、型号	单位	数量	单价（元）	合价（元）	暂估单价（元）	暂估合价（元）
材料费明细	无光调和漆	kg	41.62	15	624.3		
	调和漆	kg	18.34	13	238.42		
	油漆溶剂油	kg	9.28	3.5	32.48		
	清油	kg	2.96	20	59.2		
	熟桐油（光油）	kg	5.74	15	86.1		
	大白粉	kg	15.56	0.5	7.78		
	石膏粉	kg	4.42	0.8	3.536		
	其他材料费			1	55.12	—	
	材料费小计			—	1106.936	—	

工程量清单综合单价分析表　　　　表 5-29

工程名称：某二层住宅装饰装修工程　　　　标段：　　　　第 25 页　共 35 页

项目编码	010806001002	项目名称	木质平开窗	计量单位	m^2	工程量	11.25

清单综合单价组成明细											
定额编号	定额名称	定额单位	数量	单价				合价			
				人工费	材料费	机械费	管理费和利润	人工费	材料费	机械费	管理费和利润
5—24	单层木窗油调和漆	$100m^2$	0.01	1556.17	1106.94	—	1158.08	15.56	11.0694	—	11.58
人工单价		小　计						15.56	11.0694	—	11.58
43 元/工日		未计价材料						—			
清单项目综合单价								38.21			

	主要材料名称、规格、型号	单位	数量	单价（元）	合价（元）	暂估单价（元）	暂估合价（元）
材料费明细	无光调和漆	kg	41.62	15	624.3		
	调和漆	kg	18.34	13	238.42		
	油漆溶剂油	kg	9.28	3.5	32.48		
	清油	kg	2.96	20	59.2		
	熟桐油（光油）	kg	5.74	15	86.1		
	大白粉	kg	15.56	0.5	7.78		

续表

材料费明细	主要材料名称、规格、型号	单位	数量	单价（元）	合价（元）	暂估单价（元）	暂估合价（元）
	石膏粉	kg	4.42	0.8	3.536		
	其他材料费			1	55.12	—	
	材料费小计			—	1106.936	—	

工程量清单综合单价分析表 **表 5-30**

工程名称：某二层住宅装饰装修工程　　标段：　　第 26 页　共 35 页

项目编码	010806001003	项目名称	木质平开窗	计量单位	m²	工程量	6.00

清单综合单价组成明细											
定额编号	定额名称	定额单位	数量	单价				合价			
				人工费	材料费	机械费	管理费和利润	人工费	材料费	机械费	管理费和利润
5—24	单层木窗油调和漆	$100m^2$	0.01	1556.17	1106.94	—	1158.08	15.56	11.0694	—	11.58
人工单价		小　计						15.56	11.0694	—	11.58
43 元/工日		未计价材料						—			
清单项目综合单价								38.21			

材料费明细	主要材料名称、规格、型号	单位	数量	单价（元）	合价（元）	暂估单价（元）	暂估合价（元）
	无光调和漆	kg	41.62	15	624.3		
	调和漆	kg	18.34	13	238.42		
	油漆溶剂油	kg	9.28	3.5	32.48		
	清油	kg	2.96	20	59.2		
	熟桐油（光油）	kg	5.74	15	86.1		
	大白粉	kg	15.56	0.5	7.78		
	石膏粉	kg	4.42	0.8	3.536		
	其他材料费			1	55.12	—	
	材料费小计			—	1106.936	—	

工程量清单综合单价分析表 **表 5-31**

工程名称：某二层住宅装饰装修工程　　标段：　　第 27 页　共 35 页

项目编码	010802002001	项目名称	彩板门	计量单位	m²	工程量	13.44

清单综合单价组成明细											
定额编号	定额名称	定额单位	数量	单价				合价			
				人工费	材料费	机械费	管理费和利润	人工费	材料费	机械费	管理费和利润
5—2	单层木门油调和漆	$100m^2$	0.01	1556.17	1327.87	—	1158.08	15.56	13.2787	—	11.58
人工单价		小　计						15.56	13.2787	—	11.58
43 元/工日		未计价材料						—			
清单项目综合单价								40.42			

续表

材料费明细	主要材料名称、规格、型号	单位	数量	单价（元）	合价（元）	暂估单价（元）	暂估合价（元）
	无光调和漆	kg	49.94	15	749.1		
	调和漆	kg	22.01	13	286.13		
	油漆溶剂油	kg	11.14	3.5	38.99		
	清油	kg	3.55	20	71		
	熟桐油(光油)	kg	6.89	15	103.35		
	大白粉	kg	18.67	0.5	9.335		
	石膏粉	kg	5.3	0.8	4.24		
	其他材料费			1	65.72	—	
	材料费小计			—	1327.865	—	

工程量清单综合单价分析表 **表 5-32**

工程名称：某二层住宅装饰装修工程　　标段：　　第 28 页　共 35 页

项目编码	010802002002	项目名称	彩板门	计量单位	m^2	工程量	15.12

定额编号	定额名称	定额单位	数量	单价				合价			
				人工费	材料费	机械费	管理费和利润	人工费	材料费	机械费	管理费和利润
5—2	单层木门油调和漆	$100m^2$	0.01	1556.17	1327.87	—	1158.08	15.56	13.2787	—	11.58
人工单价		小计						15.56	13.2787	—	11.58
43 元/工日		未计价材料						—			
清单项目综合单价								40.42			

材料费明细	主要材料名称、规格、型号	单位	数量	单价（元）	合价（元）	暂估单价（元）	暂估合价（元）
	无光调和漆	kg	49.94	15	749.1		
	调和漆	kg	22.01	13	286.13		
	油漆溶剂油	kg	11.14	3.5	38.99		
	清油	kg	3.55	20	71		
	熟桐油(光油)	kg	6.89	15	103.35		
	大白粉	kg	18.67	0.5	9.335		
	石膏粉	kg	5.3	0.8	4.24		
	其他材料费			1	65.72	—	
	材料费小计			—	1327.865	—	

工程量清单综合单价分析表 **表 5-33**

工程名称：某二层住宅装饰装修工程　　标段：　　第 29 页　共 35 页

项目编码	011403001001	项目名称	木扶手油漆	计量单位	m	工程量	8.83

清单综合单价组成明细

定额编号	定额名称	定额单位	数量	单价				合价			
				人工费	材料费	机械费	管理费和利润	人工费	材料费	机械费	管理费和利润
5—46	木扶手(无托板)油调和漆	100m	0.01	422.26	127.39	—	314.24	4.22	1.2739	—	3.14

续表

人工单价	小　计						4.22	1.2739	—	3.14
43元/工日	未计价材料						—			
清单项目综合单价							8.64			
材料费明细	主要材料名称、规格、型号			单位	数量		单价(元)	合价(元)	暂估单价(元)	暂估合价(元)
	无光调和漆			kg	4.79		15	71.85		
	调和漆			kg	2.11		13	27.43		
	油漆溶剂油			kg	1.07		3.5	3.745		
	清油			kg	0.34		20	6.8		
	熟桐油(光油)			kg	0.66		15	9.9		
	大白粉			kg	1.79		0.5	0.895		
	石膏粉			kg	0.51		0.8	0.408		
	其他材料费						1	6.36	—	
	材料费小计						—	127.388	—	

工程量清单综合单价分析表　　**表5-34**

工程名称：某二层住宅装饰装修工程　　标段：　　第30页　共35页

项目编码	011403002001	项目名称	窗帘盒油漆	计量单位	m	工程量	31.0

清单综合单价组成明细											
定额编号	定额名称	定额单位	数量	单价				合价			
				人工费	材料费	机械费	管理费和利润	人工费	材料费	机械费	管理费和利润
5—69	其他木材油面调和漆	$100m^2$	0.01	1091.34	670.33	—	812.16	10.91	6.7033	—	8.12
人工单价		小　计						10.91	6.7033	—	8.12
43元/工日		未计价材料						—			
清单项目综合单价								25.74			
材料费明细	主要材料名称、规格、型号					单位	数量	单价(元)	合价(元)	暂估单价(元)	暂估合价(元)
	无光调和漆					kg	25.18	15	377.7		
	调和漆					kg	11.1	13	144.3		
	油漆溶剂油					kg	5.62	3.5	19.67		
	清油					kg	1.79	20	35.8		
	熟桐油(光油)					kg	3.47	15	52.05		
	大白粉					kg	9.51	0.5	4.755		
	石膏粉					kg	2.67	0.8	2.136		
	其他材料费							1	33.92	—	
	材料费小计							—	670.331	—	

工程量清单综合单价分析表 表 5-35

工程名称：某二层住宅装饰装修工程 标段： 第 31 页 共 35 页

项目编码	011404002001	项目名称	窗台板油漆	计量单位	m^2	工程量	3.11

定额编号	定额名称	定额单位	数量	单价				合价			
				人工费	材料费	机械费	管理费和利润	人工费	材料费	机械费	管理费和利润
5—69	其他木材油面调和漆	$100m^2$	0.001	1091.34	670.33	—	812.16	1.09	0.67033	—	0.81
人工单价		小计						1.09	0.67033	—	0.81
43 元/工日		未计价材料						—			
清单项目综合单价								2.57			

	主要材料名称、规格、型号	单位	数量	单价（元）	合价（元）	暂估单价（元）	暂估合价（元）
材料费明细	无光调和漆	kg	25.18	15	377.7		
	调和漆	kg	11.1	13	144.3		
	油漆溶剂油	kg	5.62	3.5	19.67		
	清油	kg	1.79	20	35.8		
	熟桐油（光油）	kg	3.47	15	52.05		
	大白粉	kg	9.51	0.5	4.755		
	石膏粉	kg	2.67	0.8	2.136		
	其他材料费			1	33.92	—	
	材料费小计			—	670.331	—	

工程量清单综合单价分析表 表 5-36

工程名称：某二层住宅装饰装修工程 标段： 第 32 页 共 35 页

项目编码	011505001001	项目名称	洗漱台	计量单位	个	工程量	4

定额编号	定额名称	定额单位	数量	单价				合价			
				人工费	材料费	机械费	管理费和利润	人工费	材料费	机械费	管理费和利润
6—9	大理石洗漱台	个	0.29	175.44	276.52	—	111.79	50.88	80.1908	—	32.42
人工单价		小计						50.88	80.1908	—	32.42
43 元/工日		未计价材料						—			
清单项目综合单价								163.49			

	主要材料名称、规格、型号	单位	数量	单价（元）	合价（元）	暂估单价（元）	暂估合价（元）
材料费明细	大理石漱洗台板 单孔 1500×800	m^2	0.89	210	186.9		
	大理石漱洗起边 1500×100	m^2	0.15	240	36		
	水泥砂浆 1∶2	m^3	0.013	229.62	2.98506		
	板方木材 综合规格	m^3	0.002	1550	3.1		
	塑面防火板 厚 5mm	m^2	0.63	20	12.6		
	角钢	t	0.008	3180	25.44		
	钢板网 1mm	m^2	0.83	9.2	7.636		

续表

材料费明细	主要材料名称、规格、型号	单位	数量	单价（元）	合价（元）	暂估单价（元）	暂估合价（元）
	木螺钉 35mm	千个	0.025	32	0.8		
	其他材料费			1	1.06	—	
	材料费小计			—	276.5211	—	

工程量清单综合单价分析表　　**表 5-37**

工程名称：某二层住宅装饰装修工程　　标段：　　第 33 页　共 35 页

项目编码	011505006001	项目名称	毛巾架	计量单位	套	工程量	4

清单综合单价组成明细											
定额编号	定额名称	定额单位	数量	单价				合价			
				人工费	材料费	机械费	管理费和利润	人工费	材料费	机械费	管理费和利润
6—14	浴室不锈钢毛巾架	10套	0.1	10.32	605.3	3	6.58	1.03	60.53	0.3	0.66
人工单价		小　计						1.03	60.53	0.3	0.66
43元/工日		未计价材料						—			
清单项目综合单价								62.52			

材料费明细	主要材料名称、规格、型号	单位	数量	单价（元）	合价（元）	暂估单价（元）	暂估合价（元）
	不锈钢毛巾架 成品	套	10	60	600		
	其他材料费			1	5.3	—	
	材料费小计			—	605.3	—	

工程量清单综合单价分析表　　**表 5-38**

工程名称：某二层住宅装饰装修工程　　标段：　　第 34 页　共 35 页

项目编码	011505004001	项目名称	浴缸拉手	计量单位	个	工程量	4

清单综合单价组成明细											
定额编号	定额名称	定额单位	数量	单价				合价			
				人工费	材料费	机械费	管理费和利润	人工费	材料费	机械费	管理费和利润
6—15	浴室不锈钢拉手	10套	0.1	9.29	584.06	3.1	5.92	0.93	58.406	0.31	0.59
人工单价		小　计						0.93	58.406	0.31	0.59
43元/工日		未计价材料						—			
清单项目综合单价								60.24			

材料费明细	主要材料名称、规格、型号	单位	数量	单价（元）	合价（元）	暂估单价（元）	暂估合价（元）
	不锈钢拉手　成品	副	10.1	57.5	580.75		
	木螺钉 35mm	千个	0.08	32	2.56		
	其他材料费			1	0.75	—	
	材料费小计			—	584.06	—	

工程量清单综合单价分析表 **表 5-39**

工程名称：某二层住宅装饰装修工程 标段： 第 35 页 共 35 页

项目编码	011505010001	项目名称	镜面玻璃	计量单位	m^2	工程量	3.60

定额编号	定额名称	定额单位	数量	单价				合价			
				人工费	材料费	机械费	管理费和利润	人工费	材料费	机械费	管理费和利润
6—19	镜面玻璃	$10m^2$	0.1	188.34	1033.47	10	120.01	18.83	103.347	1	12.00
人工单价		小计						18.83	103.347	1	12.00
43 元/工日		未计价材料						—			
清单项目综合单价								135.18			

	主要材料名称、规格、型号	单位	数量	单价（元）	合价（元）	暂估单价（元）	暂估合价（元）
材料费明细	玻璃镜面 6mm	m^2	11.8	38	448.4		
	板方木材 综合规格	m^3	0.09	1550	139.5		
	胶合板厚 5mm	m^2	10.5	15	157.5		
	铝合金角线 25×25×1	m	34.35	3.6	123.66		
	石油沥青油毡	m^2	10.1	4	40.4		
	玻璃胶 310g	支	2.81	8.5	23.885		
	双面胶纸	m	75.57	1	75.57		
	圆钉 70mm	kg	0.16	5.3	0.848		
	木螺钉 35mm	千个	0.211	32	6.752		
	自攻螺钉	百个	2.26	4.2	9.492		
	木材干燥费	m^3	0.09	59.38	5.3442		
	其他材料费			1	2.12	—	
	材料费小计			—	1033.471	—	

5.5　某二层住宅精装招标工程量清单编制

某二层住宅装饰装修________工程

招标控制价

招　标　人：招标单位专用章

（单位盖章）

造价咨询人：造价工程师或造价员专用章

（单位盖章）

年　　月　　日

某二层住宅装饰装修 工程

招标控制价

招标控制价（小写）： 83968

（小写）： 捌万叁仟玖佰陆拾捌元整

招 标 人： 招标单位专用章
（单位盖章）

造价咨询人： 造价工程师单位专用章
（单位资质专用章）

法定代表人
或其授权人： 招标单位（法人）
（签字或盖章）

法定代表人
或其授权人：招标单位（法人）专用章
（签字或盖章）

编 制 人： 造价人员专用章
（造价人员签字盖专用章）

复 核 人： 造价工程师专用章
（造价工程师签字盖专用章）

编制时间：××××年××月××日

复核时间：××××年××月××日

总　说　明

工程名称：　　　　　　　　　　　　　　　　　　　　　　　　　　　　第　页共　页

工程概况：

该工程为某两层住宅，设计耐火等级为一级，地震设防烈度为7度，结构类型为框架结构。室内设计绝对标高为±0.000，相对标高83.500m（黄海水平面）。建筑地上两层，设计耐久年限为50年，商场共设有一部楼梯，建筑屋面为不上人屋面。

（1）该工程中，门窗均采用塑钢门窗，带纱窗，均为双坡窗；基础为C30现浇混凝土柱下独立基础，基础地梁沿横向布置，基础连系梁沿纵向布置，为便于施工，设计要求施工时挖土宽度自基础垫层外边线向外扩挖0.3m，深度均为1.6m（自C10混凝土垫层底算起，C10混凝土垫层厚100mm），室内外高差为0.45m。

（2）本工程外墙均采用240mm厚的混凝土砌块，以上墙体均采用M7.5水泥砂浆砌筑。

（3）环境类别为一类，基础C30混凝土、保护层15mm，板C30混凝土、保护层15mm，梁C30混凝土、保护层25mm，柱C30混凝土、保护层30mm。

（4）雨篷的设置：设置在高于外门300mm处，雨篷宽为每边比门延长300mm，雨篷挑出长度为1200mm，雨篷板最外边缘厚100mm，内边缘厚150mm（外墙外边缘处），雨篷梁宽同墙厚为240mm，高300mm，雨篷梁长为沿雨篷宽每边增加500mm。门窗过梁：门窗过梁高为200mm，厚度同墙厚为240mm，长度为沿门宽度每边延伸300mm计算。

建设项目招标控制价　　　　**表5-40**

工程名称：某二层住宅装饰装修工程　　　标段：　　　　　　第　页　共　页

序号	单项工程名称	金额（元）	其　中（元）		
			暂估价	安全文明施工费	规　费
1	某二层住宅装饰装修工程	83968	8396.8		
合　计					

注：本表适用于建设项目招标控制价或投标报价的汇总。

单项工程招标控制价　　　　**表5-41**

工程名称：某学校教学楼公共卫生间给排水　　　标段：　　　　　　第　页　共　页

序号	单项工程名称	金额（元）	其　中（元）		
			暂估价	安全文明施工费	规　费
1	某二层住宅装饰装修工程	83968	8396.8		
合　计					

注：本表适用于单项工程招标控制价或投标报价的汇总。暂估价包括分部分项工程中的暂估价和专业工程暂估价。

单位工程招标控制价 **表 5-42**

工程名称：某二层住宅装饰装修工程　　标段：　　第　页　共　页

序　号	汇总内容	金额（元）	其中：暂估价（元）
1	分部分项工程	83968	8396.8
1.1			
1.2			
1.3			
1.4			
1.5			
2	措施项目		—
2.1	其中：安全文明施工费		—
3	其他项目		—
3.1	其中：暂列金额		—
3.2	其中：专业工程暂估价		—
3.3	其中：计日工		—
3.4	其中：总承包服务费		—
4	规费		—
5	税金		—
招标控制价合计＝1＋2＋3＋4＋5			

注：本表适用于单位工程招标控制价或投标报价的汇总，如无单位工程划分，单项工程也使用本表汇总。

规费、税金项目计价表 **表 5-43**

工程名称：某某校电子计算机房采暖工程　　标段：　　第　页　共　页

序号	项目名称	计算基础	计算基数	计算费率（%）	金额（元）
1	规费	定额人工费			
1.1	社会保险费	定额人工费			
(1)	养老保险费	定额人工费			
(2)	失业保险费	定额人工费			
(3)	医疗保险费	定额人工费			
(4)	工伤保险费	定额人工费			
(5)	生育保险费	定额人工费			
1.2	住房公积金	定额人工费			
1.3	工程排污费	按工程所在地环境保护部门收取标准，按实计入			
2	税金	分部分项工程费＋措施项目费＋其他项目费＋规费－按规定不计税的工程设备金额			
合　计					

编制人（造价人员）：　　　　复核人（造价工程师）：

5.6 某办公室精装工程清单项目工程量计算

1. 清单工程量

(1) 计算依据

本工程的清单工程量计算严格按照《房屋建筑与装饰工程工程量计算规范》GB 50854—2013、《建设工程建筑面积计算规范》GB/T 50353—2005 等规范文件进行编制。

(2) 楼地面工程

1) 整体面层

① 散水

散水宽度取值为 0.6m

散水工程量:

$S=(30+0.4+10.8+0.4)\times2\times0.6+4\times0.6\times0.6-(2.4+2\times12\times0.45)\times0.6$

$=43.44\text{m}^2$

【注释】 30——①～⑥轴线之间距离;

10.8——Ⓐ～Ⓓ轴线之间距离;

0.4——框架柱宽度尺寸;

0.6——散水宽度;

2.4——外台阶宽度;

12——无障碍坡道的坡度为 1∶12;

0.45——室外台阶的高度。

② 防滑坡道

防滑坡道斜坡系数 $k=\sqrt{(b_S^2+h_S^2)}\div b_S=\sqrt{(5400^2+450^2)}\div5400=1.003$

【注释】 b_S——斜坡水平长度;

h_S——斜坡高度;

5400——防滑坡道水平长度 (mm);

450——防滑坡道高度 (mm)。

防滑坡道工程量 $S=2\times1.003\times5.4\times1.2=13.00\text{m}^2$

【注释】 1.003——防滑坡道的斜坡系数;

5.4——防滑坡道水平长度 (m);

1.2——防滑坡道的宽度。

2) 地面块料面层装饰

① 一层

如图 4-33 底层平面图所示。

a. 300×300 防滑面砖

卫生间: $S=5.24\times(4.2+0.2-0.24)-(4.2-1.4-0.04-0.06)\times0.12-5.24\times0.12$

$+0.9\times0.12\times2$

$=21.0616\text{m}^2$

【注释】 5.24——Ⓓ轴线上卫生间的净距离；
4.2——Ⓒ～Ⓓ轴线之间距离；
0.2——框架柱宽度尺寸的一半；
0.24——外墙厚度；
1.4——卫生间与盥洗室之间隔墙的轴线到Ⓒ轴线之间距离；
0.04——墙体内边缘离柱轴线的距离；
0.12——卫生间内隔墙厚度；
0.06——卫生间内隔墙厚度的一半；
0.9——卫生间内门洞的投影长度；
2——卫生间内门洞的数量。

b. 芝麻白花岗石

走廊芝麻白花岗石工程量：$S_1=(30-0.04-0.04)\times(2.4-0.2-0.2)=59.84\text{m}^2$

【注释】 30——①～⑥轴线之间距离；
0.04——墙体内边缘离柱轴线的距离；
2.4——Ⓑ～Ⓒ轴线之间距离；
0.2——框架柱宽度尺寸的一半。

门厅芝麻白花岗石工程量：$S_2=7.78\times(4.2-0.04+0.2)=33.921\text{m}^2$

【注释】 7.78——门厅的净宽度；
4.2——Ⓐ～Ⓑ轴线之间距离；
0.04——墙体内边缘离柱轴线的距离；
0.2——框架柱宽度尺寸的一半。

楼梯平台芝麻白花岗石工程量：$S_3=(4.2+0.4-0.24+1.2-0.3)\times3.28=17.253\text{m}^2$

【注释】 4.2——Ⓒ～Ⓓ轴线之间距离；
0.4——框架柱宽度尺寸；
0.24——楼梯内墙体厚度；
1.2——楼梯休息平台宽度；
0.3——梯面装饰中最上层踏步多出的装饰尺寸；
3.28——梯平台的净宽度尺寸。

出口处平台芝麻白花岗石工程量：$S_4=(1.2-0.3)\times2.4=2.16\text{m}^2$

【注释】 1.2——出口处平台宽度；
2.4——出口处平台水平长度范围；
0.3——楼梯面装饰中最上层踏步多出的装饰尺寸。

一层芝麻白花岗石工程量：$S=59.84+33.921+17.253+2.16=113.174\text{m}^2$

【注释】 59.84——走廊芝麻白花岗石工程量；
33.9208——门厅芝麻白花岗石工程量；
17.2528——梯平台芝麻白花岗石工程量；
2.16——出口处平台芝麻白花岗石工程量。

c. 玻化砖

总经理办公室玻化砖工程量：$S_1=4.32\times(4.2-0.04-0.04)=17.798\text{m}^2$

【注释】 4.32——总经理办公室的房间净宽度；

4.2——Ⓒ～Ⓓ轴线之间距离；

0.04——墙体内边缘离柱轴线的距离。

副总经理办公室玻化砖工程量：$S_2=4.32\times(4.2-0.04-0.04)=17.798\text{m}^2$

【注释】 4.32——副总经理办公室的房间净宽度；

4.2——Ⓒ～Ⓓ轴线之间距离；

0.04——墙体内边缘离柱轴线的距离。

会议室玻化砖工程量：$S_3=5.9\times(4.2-0.04-0.04)=24.308\text{m}^2$

【注释】 5.9——会议室的房间净宽度；

4.2——Ⓒ～Ⓓ轴线之间距离；

0.04——墙体内边缘离柱轴线的距离。

办公室1玻化砖工程量：$S_4=5.9\times(4.2-0.04-0.04)=24.308\text{m}^2$

【注释】 5.9——办公室1的房间净宽度；

4.2——Ⓒ～Ⓓ轴线之间距离；

0.04——墙体内边缘离柱轴线的距离。

办公室2玻化砖工程量：$S_5=5.3\times(4.2-0.04-0.04)=21.836\text{m}^2$

【注释】 5.3——办公室2的房间净宽度；

4.2——Ⓐ～Ⓑ轴线之间距离；

0.04——墙体内边缘离柱轴线的距离。

办公室3玻化砖工程量：$S_6=4.32\times(4.2-0.04-0.04)=17.798\text{m}^2$

【注释】 4.32——办公室3的房间净宽度；

4.2——Ⓐ～Ⓑ轴线之间距离；

0.04——墙体内边缘离柱轴线的距离。

休息室玻化砖工程量：$S_7=5.9\times(4.2-0.04-0.04)=24.308\text{m}^2$

【注释】 5.9——休息室的房间净宽度；

4.2——Ⓐ～Ⓑ轴线之间距离；

0.04——墙体内边缘离柱轴线的距离。

接待室玻化砖工程量：$S_8=5.9\times(4.2-0.04-0.04)=24.308\text{m}^2$

【注释】 5.9——接待室的房间净宽度；

4.2——Ⓐ～Ⓑ轴线之间距离；

0.04——墙体内边缘离柱轴线的距离。

门洞的开口部分增加面积：$S_9=0.9\times0.24\times12=2.592\text{m}^2$

【注释】 0.9——各个房间内门洞的宽度；

0.24——内墙厚度；

12——内墙上门洞的数量。

一层工程量玻化砖工程量：

$S=17.798+17.798+24.308+24.308+21.836+17.798+24.308+24.308+2.592$
$=175.055\text{m}^2$

【注释】 17.798——总经理办公室玻化砖工程量；

17.798——副总经理办公室玻化砖工程量；
24.308——会议室玻化砖工程量；
24.308——办公室1玻化砖工程量；
21.836——办公室2玻化砖工程量；
17.798——办公室3玻化砖工程量；
24.308——休息室玻化砖工程量；
24.308——接待室玻化砖工程量；
2.592——门洞的开口部分增加面积。

② 二层

如图4-34二层平面图所示。

a. 300×300防滑面砖：

卫生间：$S=5.24\times(4.2+0.2-0.24)-(4.2-1.4-0.04-0.06)\times0.12-5.24\times0.12+0.9\times0.12\times2=21.0616\text{m}^2$

【注释】 5.24——Ⓓ轴线上卫生间的净距离；
4.2——Ⓒ～Ⓓ轴线之间距离；
0.2——框架柱宽度尺寸的一半；
0.24——外墙厚度；
1.4——卫生间与盥洗室之间隔墙的轴线到Ⓒ轴线之间距离；
0.04——墙体内边缘离柱轴线的距离；
0.12——卫生间内隔墙厚度；
0.06——卫生间内隔墙厚度的一半；
0.9——卫生间内门洞的投影长度；
2——卫生间内门洞的数量。

b. 芝麻白花岗石：

走廊芝麻白花岗石工程量：$S_1=(30-0.04-0.04)\times(2.4-0.2-0.2)=59.84\text{m}^2$

【注释】 30——①～⑥轴线之间距离；
0.04——墙体内边缘离柱轴线的距离；
2.4——Ⓑ～Ⓒ轴线之间距离；
0.2——框架柱宽度尺寸的一半。

二层服务台芝麻白花岗石工程量：$S_2=3.28\times(4.2-0.04+0.2)=14.3008\text{m}^2$

【注释】 3.28——二层服务台的净宽度；
4.2——Ⓐ—Ⓑ轴线之间距离；
0.04——墙体内边缘离柱轴线的距离；
0.2——框架柱宽度尺寸的一半。

楼梯平台芝麻白花岗石工程量：$S_3=(4.2+0.4-0.24-0.3-0.26\times9-0.3)\times3.28=4.6576\text{m}^2$

【注释】 4.2——Ⓒ～Ⓓ轴线之间距离；
0.4——框架柱宽度尺寸；

0.24——楼梯内墙体厚度；
0.26——梯面宽度尺寸；
0.3——梯面装饰中最上层踏步多出的装饰尺寸；
3.28——楼梯平台的净宽度尺寸。

二层芝麻白花岗石工程量：S=59.84+14.3008+4.6576=78.7984m^2

【注释】 59.84——走廊芝麻白花岗石工程量；
14.3008——二层服务台芝麻白花岗石工程量；
4.6576——楼梯平台芝麻白花岗石工程量。

c. 玻化砖：

总经理办公室玻化砖工程量：S_1=4.32×(4.2−0.04−0.04)=17.7984m^2

【注释】 4.32——总经理办公室的房间净宽度；
4.2——Ⓒ～Ⓓ轴线之间距离；
0.04——墙体内边缘离柱轴线的距离。

副总经理办公室玻化砖工程量：S_2=4.32×(4.2−0.04−0.04)=17.7984m^2

【注释】 4.32——副总经理办公室的房间净宽度；
4.2——Ⓒ～Ⓓ轴线之间距离；
0.04——墙体内边缘离柱轴线的距离。

会议室玻化砖工程量：S_3=5.9×(4.2−0.04−0.04)=24.308m^2

【注释】 5.9——会议室的房间净宽度；
4.2——Ⓒ～Ⓓ轴线之间距离；
0.04——墙体内边缘离柱轴线的距离。

办公室1玻化砖工程量：S_4=5.9×(4.2−0.04−0.04)=24.308m^2

【注释】 5.9——办公室1的房间净宽度；
4.2——Ⓒ～Ⓓ轴线之间距离；
0.04——墙体内边缘离柱轴线的距离。

办公室2玻化砖工程量：S_5=5.3×(4.2−0.04−0.04)=21.836m^2

【注释】 5.3——办公室2的房间净宽度；
4.2——Ⓐ～Ⓑ轴线之间距离；
0.04——墙体内边缘离柱轴线的距离。

办公室3玻化砖工程量：S_6=4.32×(4.2−0.04−0.04)=17.7984m^2

【注释】 4.32——办公室3的房间净宽度；
4.2——Ⓐ～Ⓑ轴线之间距离；
0.04——墙体内边缘离柱轴线的距离。

办公室4：S_7=4.32×(4.2−0.04−0.04)=17.7984m^2

【注释】 4.32——办公室4的房间净宽度；
4.2——Ⓐ～Ⓑ轴线之间距离；
0.04——墙体内边缘离柱轴线的距离。

休息室玻化砖工程量：S_8=5.9×(4.2−0.04−0.04)=24.308m^2

【注释】 5.9——休息室的房间净宽度；

4.2——Ⓐ～Ⓑ轴线之间距离；

0.04——墙体内边缘离柱轴线的距离。

接待室玻化砖工程量：S_9＝5.9×(4.2－0.04－0.04)＝24.308m^2

【注释】 5.9——接待室的房间净宽度；

4.2——Ⓐ～Ⓑ轴线之间距离；

0.04——墙体内边缘离柱轴线的距离。

门洞的开口部分增加面积：S_{10}＝0.9×0.24×13＝2.808m^2

【注释】 0.9——各个房间内门洞的宽度。

0.24——内墙厚度；

13——内墙上门洞的数量。

二层工程量玻化砖工程量：S ＝17.7984＋17.7984＋24.308＋24.308＋21.836＋17.7984＋17.7984＋24.308＋24.308＋2.808
＝193.0696m^2

【注释】 17.7984——总经理办公室玻化砖工程量；

17.7984——副总经理办公室玻化砖工程量；

24.308——会议室玻化砖工程量；

24.308——办公室 1 玻化砖工程量；

21.836——办公室 2 玻化砖工程量；

17.7984——办公室 3 玻化砖工程量；

17.7984——办公室 4 玻化砖工程量；

24.308——休息室玻化砖工程量；

24.308——接待室玻化砖工程量；

2.808——门洞开口部分增加面积。

③ 三层

如图 4-35 三层平面图所示。

三层楼地面块料面层工程量同二层楼地面块料面层工程量。

300×300 防滑面砖工程量＝21.0616m^2

芝麻白花岗石＝78.7984m^2

玻化砖工程量＝193.0696m^2

④ 总工程量

a. 300×300 防滑面砖：S＝21.0616＋21.0616＋21.0616＝63.1848m^2

【注释】 21.0616——一层防滑面砖工程量；

21.0616——二层防滑面砖工程量；

21.0616——三层防滑面砖工程量。

b. 芝麻白花岗石：S＝113.1736＋78.7984＋78.7984＝270.7704m^2

【注释】 113.1736——一层芝麻白花岗石面砖工程量；

78.7984——二层芝麻白花岗石面砖工程量；

78.7984——三层芝麻白花岗石面砖工程量。

c. 玻化砖：S＝175.0552＋193.0696＋193.0696＝561.1944m^2

【注释】 175.0552——一层玻化砖面砖工程量；

193.0696——二层玻化砖面砖工程量；

193.0696——三层玻化砖面砖工程量。

3）踢脚线

如图4-36墙体剖面图所示。

① 一层

a. 盥洗池间踢脚线工程量

盥洗池间踢脚线长度：$L=5.24-0.9\times2+(1.4-0.06+0.2)\times2+0.12=6.64$m

【注释】 5.24——Ⓓ轴线上卫生间的净距离；

0.9——门宽度尺寸；

1.4——卫生间与盥洗室之间隔墙的轴线到Ⓒ轴线之间距离；

0.06——隔墙厚度的一半；

0.2——框架柱宽度尺寸的一半；

0.12——卫生间与盥洗池间隔墙的厚度（门洞侧面踢脚线长度），由于仅门外部有踢脚线，故长度取门洞侧面宽度的1/4。

盥洗池间踢脚线工程量：$S=6.64\times0.12=0.7968$m^2

【注释】 6.64——盥洗室的踢脚线长度；

0.12——踢脚线高度。

b. 框架柱面多余长度内踢脚线工程量

Ⓓ轴线上框架柱面多余长度内踢脚线长度

$L_1=(0.4-0.24)\times2\times2=0.64$m

【注释】 0.4——框架柱宽度尺寸；

0.24——墙体厚度；

2——框架柱两侧边；

2——总经理、副总经理室内共有29柱。

Ⓒ轴线上框架柱面多余长度内踢脚线长度

$L_2=(0.4-0.24)\times2+(0.4-0.24)\times2\times2=0.96$m

【注释】 0.4——框架柱宽度尺寸；

0.24——墙体厚度；

2——框架柱两侧边。

Ⓑ轴线上框架柱面多余长度内踢脚线长度

$L_3=(0.4-0.24)\times2=0.32$m

【注释】 0.4——框架柱宽度尺寸；

0.24——墙体厚度；

2——框架柱两侧边。

Ⓐ轴线上框架柱面多余长度内踢脚线长度

$L_4=(0.4-0.24)\times2\times2=0.64$m

【注释】 0.4——框架柱宽度尺寸；

0.24——墙体厚度；

2——框架柱两侧边；

2——Ⓐ轴上办公室 3 和大厅里共有 2 个柱。

框架柱面多余长度上的踢脚线工程量

$S=(0.64+0.96+0.32+0.64)\times 0.12=2.56\times 0.12=0.3072m^2$

【注释】 0.64——Ⓓ轴线上框架柱面多余长度踢脚线长度；

0.96——Ⓒ轴线上框架柱面多余长度踢脚线长度；

0.64——Ⓑ轴线上框架柱面多余长度踢脚线长度；

0.64——Ⓐ轴线上框架柱面多余长度踢脚线长度；

0.12——踢脚线高度。

c. 门洞处踢脚线工程量

Ⓒ轴线上门洞处踢脚线长度：$L_2=0.24\times 2\times 6=2.88m$

【注释】 0.24——Ⓒ轴线上门洞处的墙体厚度；

2——门两侧；

6——门的数量。

Ⓑ轴线上门洞处踢脚线长度：$L_3=0.24\times 2\times 6=2.88m$

【注释】 0.24——Ⓑ轴线上门洞处的墙体厚度；

2——门两侧；

6——门的数量。

大门处踢脚线长度：$L_4=0.24\times 2\times 1\times 0.5=0.24m$

【注释】 0.24——Ⓐ轴线上门洞处的墙体厚度；

2——门两侧；

1——门的数量；

0.5——大门仅门内侧有踢脚线，故取门洞侧边尺寸的 1/2。

门洞处踢脚线工程量：$S=(2.88+2.88+0.24)\times 0.12=6.0\times 0.12=0.72m^2$

【注释】 2.88——Ⓒ轴线上门洞处踢脚线长度；

2.88——Ⓑ轴线上门洞处踢脚线长度；

0.24——大门处踢脚线长度；

0.12——踢脚线高度。

d. 房间内部踢脚线工程量

Ⓐ轴线上的房间内部踢脚线长度：$L_1=5.3+4.32+5.9+5.9=21.42m$

【注释】 5.3——办公室 2 的房间净宽度；

4.32——办公室 3 的房间净宽度；

5.9——休息室的房间净宽度；

5.9——接待室的房间净宽度。

Ⓑ轴线上的房间内部踢脚线长度：$L_2=5.3+4.32+5.9+5.9-6\times 0.9=16.02m$

【注释】 5.3——办公室 2 的房间净宽度；

4.32——办公室 3 的房间净宽度；

5.9——休息室的房间净宽度；

5.9——接待室的房间净宽度；

0.9——Ⓑ轴线上门宽度；

6——Ⓑ轴线上门数量。

Ⓒ轴线上的房间内部踢脚线长度：L_3＝4.32＋4.32＋5.9＋5.9－6×0.9＝15.04m

【注释】 4.32——总经理办公室的房间净宽度；

4.32——副总经理办公室的房间净宽度；

5.9——会议室的房间净宽度；

5.9——办公室1的房间净宽度；

0.9——各房间门宽度尺寸；

6——Ⓒ轴线上门数量。

Ⓓ轴线上的房间内部踢脚线长度：L_4＝4.32＋4.32＋5.9＋5.9＝20.44m

【注释】 4.32——总经理办公室的房间净宽度；

4.32——副总经理办公室的房间净宽度；

5.9——会议室的房间净宽度；

5.9——办公室1的房间净宽度。

①～②轴线区间内的房间内部踢脚线长度：L_5＝4.12＋4.12＋4.12×2＝16.48m

【注释】 4.12——各房间内墙体间净距离。

②～③轴线区间内的房间内部踢脚线长度：L_6＝4.12＋4.12×2＝12.36m

【注释】 4.12——各房间内墙体间净距离。

③～④轴线区间内的房间内部踢脚线长度：L_7＝4.12m

【注释】 4.12——各房间内墙体间净距离。

④～⑤轴线区间内的房间内部踢脚线长度：L_8＝4.12×2＋4.12×2＝16.48m

【注释】 4.12——各房间内墙体间净距离。

⑤～⑥轴线区间内的房间内部踢脚线长度：L_9＝4.12×2＋4.12×2＝16.48m

【注释】 4.12——各房间内墙体间净距离。

房间内部踢脚线工程量

S＝(21.42＋16.02＋15.04＋20.44＋16.48＋12.36＋4.12＋16.48＋16.48)×0.12

＝138.84×0.12＝16.6608m^2

【注释】 21.42——Ⓐ轴线上的房间内部踢脚线长度；

16.02——Ⓑ轴线上的房间内部踢脚线长度；

15.04——Ⓒ轴线上的房间内部踢脚线长度；

20.44——Ⓓ轴线上的房间内部踢脚线长度；

16.48——①～②轴线区间内的房间内部踢脚线长度；

12.36——②～③轴线区间内的房间内部踢脚线长度；

4.12——③～④轴线区间内的房间内部踢脚线长度；

16.48——④～⑤轴线区间内的房间内部踢脚线长度；

16.48——⑤～⑥轴线区间内的房间内部踢脚线长度；

0.12——踢脚线高度。

e. 房间外部踢脚线工程量

Ⓐ轴线上的房间内部踢脚线长度：L_1＝7.78－1.6＝6.18m

【注释】 7.78——门厅的净宽度；

1.6——大门宽度。

Ⓑ轴线上的房间外部踢脚线长度：L_2＝16.02＋0.12＋0.24＋0.24＋0.12＝16.74m

【注释】 16.02——Ⓑ轴线踢脚线长度；

0.12、0.24——房间内墙体及隔墙的厚度。

Ⓒ轴线上的房间外部踢脚线长度：L_3＝15.04＋0.24＋0.12＋0.24＋0.24＋0.12＝16m

【注释】 15.04——Ⓒ轴线踢脚线长度；

0.12、0.24——房间内墙体及隔墙的厚度。

①～②轴线区间内的房间外部踢脚线长度：L_4＝2.4－0.4＝2m

【注释】 2.4——Ⓑ～Ⓒ轴线间距离；

0.4——框架柱的截面宽度尺寸。

②～③轴线区间内的房间外部踢脚线长度：L_5＝4.2＋0.4－0.24＝4.36m

【注释】 4.2——Ⓐ～Ⓑ轴线之间距离；

0.4——框架柱的截面宽度尺寸；

0.24——房间内墙体的厚度。

③～④轴线区间内的房间外部踢脚线长度：L_6＝4.2＋0.4－0.24＝4.36m

【注释】 4.2——Ⓐ～Ⓑ轴线之间距离；

0.4——框架柱的截面宽度尺寸；

0.24——房间内墙体的厚度。

⑤～⑥轴线区间内的房间外部踢脚线长度：L_7＝2.4－0.4＝2m

【注释】 2.4——Ⓑ～Ⓒ轴线间距离；

0.4——框架柱的截面宽度尺寸。

房间外部踢脚线工程量

S＝(6.18＋16.74＋16＋2＋4.36＋4.36＋2)×0.12＝51.64×0.12＝6.1968m^2

【注释】 6.18——Ⓐ轴线上的房间外部踢脚线长度；

16.74——Ⓑ轴线上的房间外部踢脚线长度；

16——Ⓒ轴线上的房间外部踢脚线长度；

2——①～②轴线区间内的房间外部踢脚线长度；

4.36——②～③轴线区间内的房间外部踢脚线长度；

4.36——③～④轴线区间内的房间外部踢脚线长度；

2——⑤～⑥轴线区间内的房间外部踢脚线长度；

0.12——踢脚线高度。

f. 楼梯间踢脚线工程量

楼梯间踢脚线工程量

S＝[(4.2＋0.4－0.24＋1.2＋0.26×9)×2＋3.28×2]×0.12

＝22.36×0.12＝2.6832m^2

【注释】 4.2——Ⓒ～Ⓓ轴线间距离；

0.4——框架柱的宽度尺寸；

0.24——墙体厚度；

1.2——楼梯休息平台宽度；
0.26——踏面宽度；
9——踏面数；
3.28——楼梯净宽度；
0.12——踢脚线高度。

g. 一层踢脚线总工程量

一层踢脚线总工程量：

$S=0.7968+0.3072+0.72+16.6608+6.1968+2.6832=27.365\text{m}^2$

【注释】 0.7968——盥洗池间踢脚线工程量；
0.3072——框架柱面多余长度范围内踢脚线工程量；
0.72——门洞处踢脚线工程量；
16.6608——房间内部踢脚线工程量；
6.1968——房间外部踢脚线工程量；
2.6832——楼梯间踢脚线工程量。

② 二层

a. 盥洗池间踢脚线工程量

盥洗池间踢脚线长度：$L=5.24-0.9\times2+(1.4-0.06+0.2)\times2+0.12=6.64\text{m}$

【注释】 5.24——Ⓓ轴线上卫生间的净距离；
0.9——门宽度尺寸；
1.4——卫生间与盥洗室之间隔墙的轴线到Ⓒ轴线之间距离；
0.06——隔墙厚度的一半；
0.2——框架柱宽度尺寸的一半；
0.12——卫生间与盥洗池间隔墙的厚度（门洞侧面踢脚线长度），由于仅门外部有踢脚线，故长度取门洞侧面宽度的1/4。

盥洗池间踢脚线工程量 $S=6.64\times0.12=0.7968\text{m}^2$

【注释】 6.64——盥洗室的踢脚线长度；
0.12——踢脚线高度。

b. 框架柱面多余长度内踢脚线工程量

Ⓓ轴线上框架柱面多余长度内踢脚线长度 $L_1=(0.4-0.24)\times2\times2=0.64\text{m}$

【注释】 0.4——框架柱宽度尺寸；
0.24——墙体厚度；
2——框架柱两侧边；
2——总经理、副总经理室内共有2个柱。

Ⓒ轴线上框架柱面多余长度踢脚线长度

$L_2=(0.4-0.24)\times2+(0.4-0.24)\times2\times2=0.96\text{m}$

【注释】 0.4——框架柱宽度尺寸；
0.24——墙体厚度；
2——框架柱两侧边；
最后一个2——室内共有2个柱。

Ⓑ轴线上框架柱面多余长度踢脚线长度

L_3＝(0.4－0.24)×2＋(0.4－0.24)×2

＝0.64m

【注释】 0.4——框架柱宽度尺寸；

0.24——墙体厚度。

Ⓐ轴线上框架柱面多余长度踢脚线长度 L_4＝(0.4－0.24)×2×2＝0.64m

【注释】 0.4——框架柱宽度尺寸；

0.24——墙体厚度；

2——框架柱两侧边；

2——办公室 3 和办公室 4 里共有 2 个柱。

框架柱面多余长度的踢脚线工程量 S＝(0.64＋0.96＋0.64＋0.64)×0.12

＝2.88×0.12＝0.3456m^2

【注释】 0.64——Ⓓ轴线上框架柱面多余长度踢脚线长度；

0.96——Ⓒ轴线上框架柱面多余长度踢脚线长度；

0.64——Ⓑ轴线上框架柱面多余长度踢脚线长度；

0.64——Ⓐ轴线上框架柱面多余长度踢脚线长度；

0.12——踢脚线高度。

c. 门洞处踢脚线工程量

Ⓒ轴线上门洞处踢脚线长度：L_2＝0.24×2×6＝2.88m

【注释】 0.24——Ⓒ轴线上门洞处的墙体厚度；

2——门两侧；

6——门的数量。

Ⓑ轴线上门洞处踢脚线长度：L_3＝0.24×2×7＝3.36m

【注释】 0.24——Ⓑ轴线上门洞处的墙体厚度；

2——门两侧；

7——门的数量。

工程量 S＝(2.88＋3.36)×0.12＝6.24×0.12＝0.7488m^2

【注释】 2.88——Ⓒ轴线上门洞处踢脚线长度；

3.36——Ⓑ轴线上门洞处踢脚线长度；

0.12——踢脚线高度。

d. 房间内部踢脚线工程量

Ⓐ轴线上的房间内部踢脚线长度：L_1＝5.3＋4.32＋4.32＋5.9＋5.9＝25.74m

【注释】 5.3——办公室 2 的房间净宽度；

4.32——办公室 3 的房间净宽度；

4.32——办公室 4 的净宽度；

5.9——休息室的房间净宽度；

5.9——接待室的房间净宽度。

Ⓑ轴线上的房间内部踢脚线长度：L_2＝5.3＋4.32＋4.32＋5.9＋5.9－7×0.9

＝19.44m

【注释】 5.3——办公室2的房间净宽度；
4.32——办公室3的房间净宽度；
4.32——办公室4的净宽度；
5.9——休息室的房间净宽度；
5.9——接待室的房间净宽度；
0.9——Ⓑ轴线上门宽度；
7——Ⓑ轴线上门数量。

Ⓒ轴线上的房间内部踢脚线长度：L_3＝4.32＋4.32＋5.9＋5.9－6×0.9＝15.04m

【注释】 4.32——总经理办公室的房间净宽度；
4.32——副总经理办公室的房间净宽度；
5.9——会议室的房间净宽度；
5.9——办公室1的房间净宽度；
0.9——房间门宽度尺寸；
6——Ⓒ轴线上门数量。

Ⓓ轴线上的房间内部踢脚线长度：L_4＝4.32＋4.32＋5.9＋5.9＝20.44m

【注释】 4.32——总经理办公室的房间净宽度；
4.32——副总经理办公室的房间净宽度；
5.9——会议室的房间净宽度；
5.9——办公室1的房间净宽度。

①～②轴线区间内的房间内部踢脚线长度：L_5＝4.12＋4.12＋4.12×2＝16.48m

【注释】 4.12——各房间内墙体间净距离。

②～③轴线区间内的房间内部踢脚线长度：L_6＝4.12×2＋4.12×2＝16.48m

【注释】 4.12——各房间内墙体间净距离。

③～④轴线区间内的房间内部踢脚线长度：L_7＝4.12×2＝8.24m

【注释】 4.12——各房间内墙体间净距离。

④～⑤轴线区间内的房间内部踢脚线长度：L_8＝4.12×2＋4.12×2＝16.48m

【注释】 4.12——各房间内墙体间净距离。

⑤～⑥轴线区间内的房间内部踢脚线长度：L_9＝4.12×2＋4.12×2＝16.48m

【注释】 4.12——各房间内墙体间净距离。

房间内部踢脚线工程量 S＝(21.42＋16.02＋15.04＋20.44＋16.48＋16.48＋8.24＋16.48＋16.48) ×0.12
＝147.08×0.12＝17.6496m^2

【注释】 21.42——Ⓐ轴线上的房间内部踢脚线长度；
16.02——Ⓑ轴线上的房间内部踢脚线长度；
15.04——Ⓒ轴线上的房间内部踢脚线长度；
20.44——Ⓓ轴线上的房间内部踢脚线长度；
16.48——①～②轴线区间内的房间内部踢脚线长度；
16.48——②～③轴线区间内的房间内部踢脚线长度；
8.24——③～④轴线区间内的房间内部踢脚线长度；

16.48——④～⑤轴线区间内的房间内部踢脚线长度；

16.48——⑤～⑥轴线区间内的房间内部踢脚线长度；

0.12——踢脚线高度。

e. 房间外部踢脚线工程量

Ⓐ轴线上的房间外部踢脚线长度：L_1＝3.28m

【注释】 3.28——服务台的净宽度。

Ⓑ轴线上的房间外部踢脚线长度：L_2＝19.44＋0.12＋0.12＋0.24＋0.24＋0.12＝20.28m

【注释】 19.44——Ⓑ轴线踢脚线长度；

0.12、0.24——房间内墙体及隔墙的厚度。

Ⓒ轴线上的房间外部踢脚线长度：L_3＝15.04＋0.24＋0.12＋0.24＋0.24＋0.12＝16m

【注释】 15.04——Ⓒ轴线踢脚线长度；

0.12、0.24——房间内墙体及隔墙的厚度。

①～②轴线区间内的房间外部踢脚线长度：L_4＝2.4－0.4＝2m

【注释】 2.4——Ⓑ～Ⓒ轴线间距离；

0.4——框架柱的截面宽度尺寸。

③～④轴线区间内的房间外部踢脚线长度：L_5＝(4.2＋0.4－0.24)×2＝8.72m

【注释】 4.2——Ⓐ～Ⓑ轴线之间距离；

0.4——框架柱的截面宽度尺寸；

0.24——房间内墙体的厚度。

⑤～⑥轴线区间内的房间外部踢脚线长度：L_6＝2.4－0.4＝2m

【注释】 2.4——Ⓑ～Ⓒ轴线间距离；

0.4——框架柱的截面宽度尺寸。

工程量 S＝(3.28＋20.28＋16＋2＋8.72＋2)×0.12＝52.28×0.12＝6.2736m^2

【注释】 3.28——Ⓐ轴线上的房间外部踢脚线长度；

20.28——Ⓑ轴线上的房间外部踢脚线长度；

16——Ⓒ轴线上的房间外部踢脚线长度；

2——①～②轴线区间内的房间外部踢脚线长度；

8.72——③～④轴线区间内的房间外部踢脚线长度；

2——⑤～⑥轴线区间内的房间外部踢脚线长度；

0.12——房间外部踢脚线高度。

f. 楼梯间踢脚线工程量

楼梯间踢脚线工程量 S＝[(4.2＋0.4－0.24)×2＋3.28]×0.12＝1.44m^2

【注释】 4.2——Ⓒ～Ⓓ轴线间距离；

0.4——框架柱的宽度尺寸；

0.24——墙体厚度；

3.28——楼梯净宽度；

0.12——踢脚线高度。

g. 二层踢脚线总工程量

二层踢脚线总工程量 $S=0.7968+0.3456+0.7488+17.6496+6.2736+1.44$
$=27.254m^2$

【注释】 0.7968——盥洗池间踢脚线工程量；
0.3456——框架柱面多余长度踢脚线工程量；
0.7488——门洞处踢脚线工程量；
17.6496——房间内部踢脚线工程量；
6.2736——房间外部踢脚线工程量；
1.44——楼梯间踢脚线工程量。

③ 三层

三层踢脚线工程量同二层踢脚线工程量，为 $27.254m^2$。

④ 踢脚线总工程量

踢脚线总工程量 $S=27.365+27.254+27.254=81.873m^2$

【注释】 27.365——一层踢脚线总工程量；
27.254——二层踢脚线总工程量；
27.254——三层踢脚线总工程量。

4）楼梯块料面层装饰

如图 4-37～图 4-41 所示。

楼梯间梯段中国黑大理石工程量：$S=(0.26\times9+0.3)\times3.28\times4=34.6368m^2$

【注释】 0.26——踏面宽度；
9——踏面数；
0.3——梯面装饰中最上层踏步多出的装饰尺寸；
3.28——楼梯净宽度；
4——楼梯间的梯段数。

楼梯间梯段上防滑条工程量：$L=2\times4\times9\times(1.59-2\times0.15)=92.88m$

【注释】 2——踏面上设置两道防滑条；
4——楼梯间的梯段数；
9——一个梯段的踏面数；
1.59——楼梯间踏面长度；
0.15——表示防滑条从踏步两端 150mm 处开始。

5）扶手栏杆装饰

① 楼梯斜坡系数 k

$k=\sqrt{(b_S^2+h_S^2)}\div b_S=\sqrt{(150^2+260^2)}\div260=1.154$

【注释】 b——踏步宽度；
h——踏步高度；
150——该设计中踏步高度；
260——该设计中踏步宽度。

② 楼梯栏杆扶手总工程量

$L=0.26\times9\times1.154\times4+0.22\times4+(3.28-0.22)\div2=5.11m$

【注释】 0.26×9——一条扶手的水平投影长度；
1.154——长度调整系数；
4——斜扶手的根数；
0.22——弯头长度；
4——弯头个数；
3.28——楼梯间净宽度；
(3.28－0.22)÷2——三楼水平栏杆扶手长度。

6）台阶装饰

如图 4-42 所示。

室外台阶表面中国黑大理石工程量：$S=(0.26\times2+0.3)\times2.4=1.968\text{m}^2$

【注释】 0.26——踏面宽度；
2——踏面数；
0.3——梯面装饰中最上层踏步多出的装饰尺寸；
2.4——室外台阶净宽度。

室外台阶侧面中国黑大理石工程量：$S=(0.15+0.15\times2)\times0.26=0.117\text{m}^2$

【注释】 0.26——踏面宽度；
0.15——台阶高度。

防滑条工程量：$L=2\times2\times(2.4-2\times0.15)=8.4\text{m}$

【注释】 2——踏面上设置两道防滑条；
2——室外台阶的踏面数；
0.15——表示防滑条从踏步两端 150mm 处开始；
2.4——室外台阶的踏面长度。

(3）墙柱面工程

1）墙、柱面一般抹灰

① 建筑外墙抹灰

如图 4-43～图 4-46 所示。

外墙抹灰工程量：$S=(0.45+9+1.2)\times(30+0.4+10.8+0.4)\times2-1.6\times2.3-5.4\times0.45-6\times0.9\times0.6-21\times1.5\times1.5-30\times1.5\times2.1-15\times1.5\times2.4=680.98\text{m}^2$

【注释】 0.45——室内外高差；
9——屋顶标高；
1.2——女儿墙高度；
30——①～⑥轴线间距离；
10.8——Ⓐ～Ⓓ轴线间距离；
0.4——框架柱宽度尺寸；
1.6×2.3——外部大门的面积；
5.4×0.45——无障碍坡道占取的面积；
6——高窗的数量；
0.9、0.6——高窗的宽度和高度；

21——1.5×1.5 窗的数量；
1.5——窗的尺寸；
30——1.5×2.1 窗的数量；
1.5、2.1——该类窗的高度和宽度；
15——1.5×2.4 窗的数量；
1.5、2.4——该类窗的高度和宽度。

② 一层与楼梯间内墙抹灰

a. 卫生间内：

卫生间室内墙裙抹灰的长度：

$$L=(4.2-1.4-0.06-0.04)\times4+(5.24-0.12)\times2-0.9\times2=19.24\text{m}$$

【注释】 4.2——Ⓒ～Ⓓ轴线之间距离；
1.4——卫生间与盥洗室之间隔墙的轴线到Ⓒ轴线之间距离；
0.06——隔墙厚度的一半；
0.04——墙体内柱边缘离轴线的距离；
4——墙的个数；
5.24——Ⓓ轴线上卫生间的净距离；
0.12——卫生间内隔墙厚度；
0.9——卫生间门的宽度尺寸；
2——卫生间门的数量。

卫生间室内墙裙抹灰的工程量 $S=19.24\times1.8=34.632\text{m}^2$

【注释】 19.24——卫生间室内墙裙抹灰的长度；
1.8——卫生间内墙裙高度。

卫生间室内墙面抹灰的长度：

$$L=(4.2-1.4-0.06-0.04)\times4+(5.24-0.12)\times2=21.04\text{m}$$

【注释】 4.2——Ⓒ～Ⓓ轴线之间距离；
1.4——卫生间与盥洗室之间隔墙的轴线到Ⓒ轴线之间距离；
0.06——隔墙厚度的一半；
0.04——墙体内边缘离柱轴线的距离；
5.24——Ⓓ轴线上卫生间的净距离；
0.12——卫生间内隔墙厚度。

卫生间室内墙面抹灰的工程量

$$S=21.04\times0.68-0.9\times2\times(2.1-1.8)-0.9\times0.6\times2=12.6872\text{m}^2$$

【注释】 21.04——卫生间室内墙面抹灰的长度；
0.06——隔墙厚度的一半；
0.68——墙裙顶到顶棚底部的墙体高度；
0.9——门的宽度尺寸；
2.1——门的高度尺寸；
1.8——卫生间内墙裙高度；
0.9——天窗的宽度尺寸；

0.6——天窗的高度尺寸。

b. 盥洗池间抹灰

盥洗池间抹灰净长度：$L=5.24-0.9\times2+(1.4-0.06+0.2)\times2=6.52\text{m}$

【注释】5.24——Ⓓ轴线上卫生间的净距离；

0.9——门的宽度尺寸；

0.06——隔墙厚度的一半；

0.2——框架柱宽度尺寸的一半。

墙裙抹灰工程量 $S=6.52\times0.68=4.4336\text{m}^2$

【注释】6.52——盥洗池间抹灰净长度；

0.68——墙裙抹灰的高度。

墙面抹灰工程量 $S=6.52\times(1.68+0.12)=11.736\text{m}^2$

【注释】6.52——盥洗池间抹灰净长度；

1.68——墙裙顶到天棚底部的墙体高度；

0.12——踢脚线高度。

c. 框架柱面多余长度：

Ⓓ轴线：$L_1=(0.4-0.24)\times2\times2=0.64\text{m}$

【注释】0.4——框架柱宽度尺寸；

0.24——墙体厚度；

2——表示柱的两侧边；

2——表示共有2个柱。

Ⓒ轴线：$L_2=(0.4-0.24)\times2+(0.4-0.24)\times2\times2=0.96\text{m}$

【注释】0.4——框架柱宽度尺寸；

0.24——墙体厚度；

2——表示柱的两侧边；

最后一个2——表示Ⓒ轴线上总经理室、副总经理室共2个柱。

Ⓑ轴线：$L_3=(0.4-0.24)\times2=0.32\text{m}$

【注释】0.4——框架柱宽度尺寸；

0.24——墙体厚度；

2——表示柱的两侧边。

Ⓐ轴线：$L_4=(0.4-0.24)\times2\times2=0.64\text{m}$

【注释】0.4——框架柱宽度尺寸；

0.24——墙体厚度；

2——表示柱的两侧边；

2——表示共有2个柱。

框架柱面多余长度墙裙抹灰工程量

$$S=(0.64+0.96+0.32+0.64)\times0.68=2.56\times0.68=1.7408\text{m}^2$$

【注释】0.64——Ⓓ轴线上框架柱面多余长度；

0.96——Ⓒ轴线上框架柱面多余长度；

0.32——Ⓑ轴线上框架柱面多余长度；

0.64——Ⓐ轴线上框架柱面多余长度；
0.68——墙裙抹灰的高度。

框架柱面多余长度墙面抹灰工程量

$S=(0.64+0.96+0.32+0.64)\times(1.68+0.12)=2.56\times(1.68+0.12)=4.608m^2$

【注释】 0.64——Ⓓ轴线上框架柱面多余长度；
0.96——Ⓒ轴线上框架柱面多余长度；
0.32——Ⓑ轴线上框架柱面多余长度；
0.64——Ⓐ轴线上框架柱面多余长度；
1.68——墙裙顶到天棚底部的墙体高度；
0.12——踢脚线高度。

d. 房间内部：

墙裙抹灰工程量（与踢脚线同）

Ⓐ轴线：$L_1=5.3+4.32+5.9+5.9=21.42m$

【注释】 5.3——办公室2的房间净宽度；
4.32——办公室3的房间净宽度；
5.9——休息室的房间净宽度；
5.9——接待室的房间净宽度。

Ⓑ轴线：$L_2=5.3+4.32+5.9+5.9-6\times0.9=16.02m$

【注释】 5.3——办公室2的房间净宽度；
4.32——办公室3的房间净宽度；
5.9——休息室的房间净宽度；
5.9——接待室的房间净宽度；
0.9——Ⓑ轴线上门宽度；
6——Ⓑ轴线上门数量。

Ⓒ轴线：$L_3=4.32+4.32+5.9+5.9-6\times0.9=15.04m$

【注释】 4.32——总经理办公室的房间净宽度；
4.32——副总经理办公室的房间净宽度；
5.9——会议室的房间净宽度；
5.9——办公室1的房间净宽度；
0.9——各房间门宽度尺寸；
6——Ⓒ轴线上门数量。

Ⓓ 轴线：$L_4=4.32+4.32+5.9+5.9=20.44m$

【注释】 4.32——总经理办公室的房间净宽度；
4.32——副总经理办公室的房间净宽度；
5.9——会议室的房间净宽度；
5.9——办公室1的房间净宽度。

①～②轴线：$L_5=4.12+4.12+4.12\times2=16.48m$

【注释】 4.12——各房间内墙体间净距离。

②～③轴线：$L_6=4.12+4.12\times2=12.36m$

【注释】 4.12——各房间内墙体间净距离。

③～④轴线：L_7＝4.12m

【注释】 4.12——各房间内墙体间净距离。

④～⑤轴线：L_8＝4.12×2＋4.12×2＝16.48m

【注释】 4.12——各房间内墙体间净距离。

⑤～⑥轴线：L_9＝4.12×2＋4.12×2＝16.48m

【注释】 4.12——各房间内墙体间净距离。

房间内部墙裙抹灰工程量

S＝(21.42＋16.02＋15.04＋20.44＋16.48＋12.36＋4.12＋16.48＋16.48)×0.68
＝138.84×0.68＝94.4112m^2

【注释】 21.42——Ⓐ轴线墙裙抹灰长度；
16.02——Ⓑ轴线墙裙抹灰长度；
15.04——Ⓒ轴线墙裙抹灰长度；
20.44——Ⓓ轴线墙裙抹灰长度；
16.48——①～②轴线墙裙抹灰长度；
12.36——②～③轴线墙裙抹灰长度；
4.12——③～④轴线墙裙抹灰长度；
16.48——④～⑤轴线墙裙抹灰长度；
16.48——⑤～⑥轴线墙裙抹灰长度；
0.68——墙裙抹灰高度。

房间内部墙面抹灰工程量：

Ⓐ轴线：L_1＝5.3＋4.32＋5.9＋5.9＝21.42m

【注释】 5.3——办公室 2 的房间净宽度；
4.32——办公室 3 的房间净宽度；
5.9——休息室的房间净宽度；
5.9——接待室的房间净宽度。

Ⓑ轴线：L_2＝5.3＋4.32＋5.9＋5.9＝21.42m

【注释】 5.3——办公室 2 的房间净宽度；
4.32——办公室 3 的房间净宽度；
5.9——休息室的房间净宽度；
5.9——接待室的房间净宽度。

Ⓒ轴线：L_3＝4.32＋4.32＋5.9＋5.9＝20.44m

【注释】 4.32——总经理办公室的房间净宽度；
4.32——副总经理办公室的房间净宽度；
5.9——会议室的房间净宽度；
5.9——办公室 1 的房间净宽度。

Ⓓ轴线：L_4＝4.32＋4.32＋5.9＋5.9＝20.44m

【注释】 4.32——总经理办公室的房间净宽度；
4.32——副总经理办公室的房间净宽度；

5.9——会议室的房间净宽度；

5.9——办公室1的房间净宽度。

①～②轴线：L_5＝4.12＋4.12＋4.12×2＝16.48m

【注释】 4.12——各房间内墙体间净距离。

②～③轴线：L_6＝4.12＋4.12×2＝12.36m

【注释】 4.12——各房间内墙体间净距离。

③～④轴线：L_7＝4.12m

【注释】 4.12——各房间内墙体间净距离。

④～⑤轴线：L_8＝4.12×2＋4.12×2＝16.48m

【注释】 4.12——各房间内墙体间净距离。

⑤～⑥轴线：L_9＝4.12×2＋4.12×2＝16.48m

【注释】 4.12——各房间内墙体间净距离。

墙面抹灰总长度 L ＝21.42＋21.42＋20.44＋20.44＋16.48＋12.36＋4.12＋16.48＋16.48

＝149.64m

【注释】 21.42——Ⓐ轴线墙面抹灰长度；

21.42——Ⓑ轴线墙裙抹灰长度；

20.44——Ⓒ轴线墙面抹灰长度；

20.44——Ⓓ轴线墙面抹灰长度；

16.48——①～②轴线墙面抹灰长度；

12.36——②～③轴线墙面抹灰长度；

4.12——③～④轴线墙面抹灰长度；

16.48——④～⑤轴线墙面抹灰长度；

16.48——⑤～⑥轴线墙面抹灰长度。

墙面抹灰工程量 S ＝149.64×(1.68＋0.12)－12×(2.1－0.68)×0.9－1.5×(2.4×5＋2.1×10＋1.5×10)

＝182.016m^2

【注释】 149.64——墙面抹灰的总长度；

1.68——墙裙顶到天棚底部的墙体高度；

0.12——踢脚线高度；

12——Ⓑ、Ⓒ轴线上门的数量；

0.68——墙裙抹灰的高度；

0.9——门宽度尺寸；

1.5——窗高度尺寸；

2.4、2.1、1.5——分别为不同型号窗的宽度尺寸。

e. 房间外部：

墙裙抹灰工程量

Ⓐ轴线：L_1＝7.78－1.6＝6.18m

【注释】 7.78——门厅的净宽度；

1.6——大门宽度。

Ⓑ轴线：L_2＝16.02＋0.12＋0.24＋0.24＋0.12＝16.74m

【注释】 16.02——Ⓑ轴线上房间内部墙裙抹灰长度；

0.12、0.24——房间内墙体及隔墙的厚度。

Ⓒ轴线：L_3＝15.04＋0.24＋0.12＋0.24＋0.24＋0.12＝16m

【注释】 15.04——Ⓒ轴线房间内部墙裙抹灰长度；

0.12、0.24——房间内墙体及隔墙的厚度。

①～②轴线：L_4＝2.4－0.4＝2m

【注释】 2.4——Ⓑ～Ⓒ轴线间距离；

0.4——框架柱的截面宽度尺寸。

②～③轴线：L_5＝4.2＋0.4－0.24＝4.36m

【注释】 4.2——Ⓐ～Ⓑ轴线之间距离；

0.4——框架柱的截面宽度尺寸；

0.24——房间内墙体的厚度。

③～④轴线：L_6＝4.2＋0.4－0.24＝4.36m

【注释】 4.2——Ⓐ～Ⓑ轴线之间距离；

0.4——框架柱的截面宽度尺寸；

0.24——房间内墙体的厚度。

⑤～⑥轴线：L_7＝2.4－0.4＝2m

【注释】 2.4——Ⓑ～Ⓒ轴线间距离；

0.4——框架柱的截面宽度尺寸。

房间外部墙裙抹灰长度范围 L＝6.18＋16.74＋16＋2＋4.36＋4.36＋2＝51.64m

【注释】 6.18——Ⓐ轴线房间外部墙裙抹灰长度；

16.74——Ⓑ轴线房间外部墙裙抹灰长度；

16——Ⓒ轴线区间房间外部墙裙抹灰长度；

2——①～②轴线区间房间外部墙裙抹灰长度；

4.36——②～③轴线区间房间外部墙裙抹灰长度；

4.36——③～④轴线区间房间外部墙裙抹灰长度；

2——⑤～⑥轴线区间房间外部墙裙抹灰长度。

房间外部墙裙抹灰工程量 S＝51.64×0.68＝35.1152m^2

【注释】 51.64——房间外部墙裙总长度；

0.68——墙裙高度。

墙面抹灰工程量：

Ⓐ轴线：L_1＝7.78m

【注释】 7.78——门厅的净宽度。

Ⓑ轴线：L_2＝21.42＋0.12＋0.24＋0.24＋0.12＝22.14m

【注释】 21.42——Ⓑ轴线上室内的墙面抹灰长度；

0.12、0.24——隔墙及墙体的厚度。

Ⓒ轴线：L_3＝20.44＋0.24＋0.12＋0.24＋0.24＋0.12＝21.4m

【注释】 20.44——Ⓒ轴线上室内的墙面抹灰长度；

0.12、0.24——隔墙及墙体的厚度。

①～②轴线：L_4=2.4−0.4=2m

【注释】 2.4——Ⓑ～Ⓒ轴线之间距离；

0.4——柱的截面宽度尺寸。

②～③轴线：L_5=4.2+0.4−0.24=4.36m

【注释】 4.2——Ⓐ～Ⓑ轴线之间距离；

0.4——柱的截面宽度尺寸；

0.24——墙体的厚度。

③～④轴线：L_6=4.2+0.4−0.24=4.36m

【注释】 4.2——Ⓐ～Ⓑ轴线之间距离；

0.4——柱的截面宽度尺寸；

0.24——墙体的厚度。

⑤～⑥轴线：L_7=2.4−0.4=2m

【注释】 2.4——Ⓑ～Ⓒ轴线之间距离；

0.4——柱的截面宽度尺寸。

房间外部墙面抹灰长度范围 L=7.78+22.14+21.4+2+4.36+4.36+2=64.04m

【注释】 7.78——Ⓐ轴线房间外部墙面抹灰长度；

22.14——Ⓑ轴线房间外部墙面抹灰长度；

21.4——Ⓒ轴线区间房间外部墙面抹灰长度；

2——①～②轴线区间房间外部墙面抹灰长度；

4.36——②～③轴线区间房间外部墙面抹灰长度；

4.36——③～④轴线区间房间外部墙面抹灰长度；

2——⑤～⑥轴线区间房间外部墙面抹灰长度。

房间外部墙面抹灰工程量

S=64.04×(1.68+0.12)−12×(2.1−0.68)×0.9−1.5×1.5×12−2.3×1.6=69.256m^2

【注释】 64.04——房间外部墙面抹灰长度；

1.68——墙裙顶到天棚底部的墙体高度；

0.12——踢脚线高度；

12——门的数量；

0.68——墙裙高度；

2.1——门的高度尺寸；

0.9——门宽度尺寸；

1.5×1.5——窗高度及宽度尺寸；

2.3×1.6——大门的面积。

f. 楼梯间

墙裙抹灰长度范围 L=(4.2+0.4−0.24)×4+3.28×3+(1.2+0.26×9)×2=34.36m

【注释】 4.2——Ⓒ～Ⓓ轴线之间距离；

0.4——框架柱的宽度尺寸；

0.24——墙体的厚度；

0.2——框架柱的宽度尺寸的一半；
3.28——楼梯间净宽度；
0.26——踏面宽度；
9——踏面数；
1.2——休息平台宽度。

墙裙抹灰工程量 $S=34.36\times0.68=23.3648m^2$

墙面抹灰工程量

$S=[(4.2+0.4-0.24)\times2+3.28]\times(9-0.12)-23.3648-2\times1.5\times1.5=78.6952m^2$

【注释】 4.2——Ⓒ～Ⓓ轴线之间距离；
0.4——框架柱的宽度尺寸；
0.24——墙体的厚度；
0.2——框架柱的宽度尺寸的一半；
3.28——楼梯净宽度；
0.12——顶层屋面板的厚度；
23.3648——墙裙抹灰面积；
2——楼梯间窗户个数；
1.5×1.5——楼梯间单扇窗户面积。

g. 一层与楼梯间抹灰总工程量

一层与楼梯间墙裙抹灰总工程量

$S=34.632+4.4336+1.7408+94.4112+35.1152+23.3648=193.6976m^2$

【注释】 34.632——卫生间室内墙裙抹灰的工程量；
4.4336——盥洗池间墙裙抹灰工程量；
1.7408——框架柱面多余长度范围墙裙抹灰工程量；
94.4112——房间内部墙裙抹灰工程量；
35.1152——房间外部墙裙抹灰工程量；
23.3648——楼梯间墙裙抹灰工程量。

一层与楼梯间墙面抹灰总工程量

$S=12.6872+11.736+4.608+182.016+69.256+78.6952=358.9984m^2$

【注释】 12.6872——卫生间室内墙面抹灰的工程量；
11.736——盥洗池间墙面抹灰工程量；
4.608——框架柱面多余长度范围墙面抹灰工程量；
182.016——房间内部墙面抹灰工程量；
69.256——房间外部墙面抹灰工程量；
78.6952——楼梯间墙面抹灰工程量。

③ 二层内墙抹灰

a. 卫生间

室内墙裙抹灰长度范围：

$L=(4.2-1.4-0.06-0.04)\times4+(5.24-0.12)\times2-0.9\times2=19.24m$

【注释】 4.2——Ⓒ～Ⓓ轴线之间距离；

1.4——卫生间与盥洗室之间隔墙的轴线到Ⓒ轴线之间距离；
0.06——隔墙厚度的一半；
0.04——墙体内边缘离柱轴线的距离；
4——墙的个数；
5.24——Ⓓ轴线上卫生间的净距离；
0.12——卫生间内隔墙厚度；
0.9——卫生间门的宽度尺寸；
2——卫生间门的数量。

卫生间室内墙裙抹灰工程量 $S=19.24\times1.8=34.632\text{m}^2$

【注释】 19.24——卫生间室内墙裙抹灰的长度；
1.8——卫生间内墙裙高度。

卫生间室内墙面抹灰：$L=(4.2-1.4-0.06-0.04)\times4+(5.24-0.12)\times2=21.04\text{m}$

【注释】 4.2——Ⓒ～Ⓓ轴线之间距离；
1.4——卫生间与盥洗室之间隔墙的轴线到Ⓒ轴线之间距离；
0.06——隔墙厚度的一半；
0.04——墙体内边缘离柱轴线的距离；
5.24——Ⓓ轴线上卫生间的净距离；
0.12——卫生间内隔墙厚度。

卫生间室内墙面抹灰工程量 $S=21.04\times0.68-0.9\times2\times(2.1-1.8)-0.9\times0.6\times2$
$=12.6872\text{m}^2$

【注释】 21.04——卫生间室内墙面抹灰的长度范围；
0.06——隔墙厚度的一半；
0.68——墙裙顶到天棚底部的墙体高度；
0.9——门的宽度尺寸；
2.1——门的高度尺寸；
1.8——卫生间内墙裙高度；
0.9——天窗的宽度尺寸；
0.6——天窗的高度尺寸。

b. 盥洗池间抹灰

盥洗池间抹灰净长度：$L=5.24-0.9\times2+(1.4-0.06+0.2)\times2=6.52\text{m}$

【注释】 5.24——Ⓓ轴线上卫生间的净距离；
0.9——门的宽度尺寸；
0.06——隔墙厚度的一半；
0.2——框架柱宽度尺寸的一半。

盥洗池间墙裙抹灰工程量 $S=6.52\times0.68=4.4336\text{m}^2$

【注释】 6.52——盥洗池间抹灰净长度；
0.68——墙裙抹灰的高度。

盥洗池间墙面抹灰工程量 $S=6.52\times(1.68+0.12)=11.736\text{m}^2$

【注释】 6.52——盥洗池间抹灰净长度；

1.68——墙裙顶到顶棚底部的墙体高度；

0.12——踢脚线高度。

c. 框架柱面多余长度：

Ⓓ轴线：$L_1=(0.4-0.24)\times2\times2=0.64\text{m}$

【注释】 0.4——框架柱宽度尺寸；

0.24——墙体厚度；

2——表示柱的两侧边；

2——表示共有2个柱。

Ⓒ轴线：$L_2=(0.4-0.24)\times2+(0.4-0.24)\times2\times2=0.96\text{m}$

Ⓑ轴线：$L_3=(0.4-0.24)\times2\times2=0.64\text{m}$

Ⓐ轴线：$L_4=(0.4-0.24)\times2\times2=0.64\text{m}$

框架柱面多余长度墙裙抹灰工程量

$$S=(0.64+0.96+0.64+0.32)\times0.68=2.88\times0.68=1.9584\text{m}^2$$

【注释】 0.64——Ⓓ轴线上框架柱面多余长度；

0.96——Ⓒ轴线上框架柱面多余长度；

0.64——Ⓑ轴线上框架柱面多余长度；

0.64——Ⓐ轴线上框架柱面多余长度；

0.68——墙裙抹灰的高度。

框架柱面多余长度墙面抹灰工程量

$$S=(0.64+0.96+0.64+0.64)\times(1.68+0.12)=2.88\times(1.68+0.12)=5.184\text{m}^2$$

【注释】 1.68——墙裙顶部到天棚底部的距离；

0.12——踢脚线高度。

d. 房间内部：

墙裙抹灰工程量

Ⓐ轴线：$L_1=5.3+4.32+4.32+5.9+5.9=25.74\text{m}$

【注释】 5.3——办公室2的房间净宽度；

4.32——办公室3的房间净宽度；

4.32——办公室4的房间净宽度；

5.9——休息室的房间净宽度；

5.9——接待室的房间净宽度。

Ⓑ轴线：$L_2=5.3+4.32+4.32+5.9+5.9-7\times0.9=19.44\text{m}$

【注释】 5.3——办公室2的房间净宽度；

4.32——办公室3和办公室4的房间净宽度；

5.9——休息室的房间净宽度；

5.9——接待室的房间净宽度；

0.9——Ⓑ轴线上门宽度；

7——Ⓑ轴线上门数量。

Ⓒ轴线：$L_3=4.32+4.32+5.9+5.9-6\times0.9=15.04\text{m}$

【注释】 4.32——总经理办公室的房间净宽度；

4.32——副总经理办公室的房间净宽度；
5.9——会议室的房间净宽度；
5.9——办公室1的房间净宽度；
0.9——各房间门宽度尺寸；
6——Ⓒ轴线上门数量。

Ⓓ轴线：L_4＝4.32＋4.32＋5.9＋5.9＝20.44m

【注释】4.32——总经理办公室的房间净宽度；
4.32——副总经理办公室的房间净宽度；
5.9——会议室的房间净宽度；
5.9——办公室1的房间净宽度。

①～②轴线：L_5＝4.12＋4.12＋4.12×2＝16.48m

【注释】4.12——各房间内墙体间净距离。

②～③轴线：L_6＝4.12×2＋4.12×2＝16.48m

【注释】4.12——各房间内墙体间净距离。

③～④轴线：L_7＝4.12×2＝8.24m

【注释】4.12——各房间内墙体间净距离。

④～⑤轴线：L_8＝4.12×2＋4.12×2＝16.48m

【注释】4.12——各房间内墙体间净距离。

⑤～⑥轴线：L_9＝4.12×2＋4.12×2＝16.48m

房间内部墙裙抹灰工程量

S＝(25.74＋19.44＋15.04＋20.44＋16.48＋16.48＋8.24＋16.48＋16.48)×0.68
＝154.82×0.68＝105.2776m^2

【注释】25.74——Ⓐ轴线墙裙抹灰长度；
19.44——Ⓑ轴线墙裙抹灰长度；
15.04——Ⓒ轴线墙裙抹灰长度；
20.44——Ⓓ轴线墙裙抹灰长度；
16.48——①～②轴线墙裙抹灰长度；
16.48——②～③轴线墙裙抹灰长度；
8.24——③～④轴线墙裙抹灰长度；
16.48——④～⑤轴线墙裙抹灰长度；
16.48——⑤～⑥轴线墙裙抹灰长度；
0.68——墙裙抹灰高度。

墙面抹灰工程量：

Ⓐ轴线：L_1＝5.3＋4.32＋4.32＋5.9＋5.9＝25.74m

【注释】5.3——办公室2的房间净宽度；
4.32——办公室3的房间净宽度；
4.32——办公室4的房间净宽度；
5.9——休息室的房间净宽度；
5.9——接待室的房间净宽度。

Ⓑ轴线：L_2＝5.3＋4.32＋4.32＋5.9＋5.9＝25.74m

【注释】 5.3——办公室2的房间净宽度；

4.32——办公室3的房间净宽度；

4.32——办公室4的房间净宽度；

5.9——休息室的房间净宽度；

5.9——接待室的房间净宽度。

Ⓒ轴线：L_3＝4.32＋4.32＋5.9＋5.9＝20.44m

【注释】 4.32——总经理办公室的房间净宽度；

4.32——副总经理办公室的房间净宽度；

5.9——会议室的房间净宽度；

5.9——办公室1的房间净宽度。

Ⓓ轴线：L_4＝4.32＋4.32＋5.9＋5.9＝20.44m

【注释】 4.32——总经理办公室的房间净宽度；

4.32——副总经理办公室的房间净宽度；

5.9——会议室的房间净宽度；

5.9——办公室1的房间净宽度。

①～②轴线：L_5＝4.12＋4.12＋4.12×2＝16.48m

【注释】 4.12——各房间内墙体间净距离。

②～③轴线：L_6＝4.12×2＋4.12×2＝16.48m

【注释】 4.12——各房间内墙体间净距离。

③～④轴线：L_7＝4.12×2＝8.24m

【注释】 4.12——各房间内墙体间净距离。

④～⑤轴线：L_8＝4.12×2＋4.12×2＝16.48m

【注释】 4.12——各房间内墙体间净距离。

⑤～⑥轴线：L_9＝4.12×2＋4.12×2＝16.48m

【注释】 4.12——各房间内墙体间净距离。

房间内部墙面抹灰长度

L＝25.74＋25.74＋20.44＋20.44＋16.48＋16.48＋8.24＋16.48＋16.48＝166.52m

【注释】 25.74——Ⓐ轴线房间内部墙面抹灰长度；

25.74——Ⓑ轴线房间内部墙面抹灰长度；

20.44——Ⓒ轴线房间内部墙面抹灰长度；

20.44——Ⓓ轴线区间房间内部墙面抹灰长度；

16.48——①～②轴线区间房间内部墙面抹灰长度；

16.48——②～③轴线区间房间内部墙面抹灰长度；

8.24——③～④轴线区间房间内部墙面抹灰长度；

16.48——④～⑤轴线区间房间内部墙面抹灰长度；

16.48——⑤～⑥轴线区间房间内部墙面抹灰长度。

房间内部墙面抹灰工程量

S＝166.52×(1.68＋0.12)－13×(2.1－0.68)×0.9－1.5×(2.4×5＋2.1×10＋1.5×13)

$=204.372m^2$

【注释】 166.52——墙面抹灰的总长度；
1.68——墙裙顶部到天棚底部的距离；
0.12——踢脚线高度；
13——Ⓑ、Ⓒ轴线上门的数量；
2.1——门的高度尺寸；
0.68——墙裙抹灰的高度；
0.9——门的宽度尺寸；
1.5——窗的高度尺寸；
2.4、2.1、1.5——分别为三类窗的高度尺寸；
5、10、13——分别为三类窗的数量。

e. 房间外部：

墙裙抹灰工程量

Ⓐ轴线：$L_1=3.28m$

【注释】 3.28——二层服务台净宽度尺寸。

Ⓑ轴线：$L_2=19.44+0.12+0.12+0.24+0.24+0.12=20.28m$

【注释】 19.44——Ⓑ轴线房间内部墙裙抹灰长度；
0.12、0.24——隔墙及墙体的厚度。

Ⓒ轴线：$L_3=15.04+0.24+0.12+0.24+0.24+0.12=16m$

【注释】 15.04——Ⓒ轴线房间内部墙裙抹灰长度；
0.12、0.24——房间内墙体及隔墙的厚度。

①～②轴线：$L_4=2.4-0.4=2m$

【注释】 2.4——Ⓑ～Ⓒ轴线间距离；
0.4——框架柱的截面宽度尺寸。

③～④轴线：$L_5=(4.2+0.4-0.24)\times 2=4.36\times 2=8.72m$

【注释】 4.2——Ⓐ～Ⓑ轴线之间距离；
0.4——框架柱的截面宽度尺寸；
0.24——房间内墙体的厚度。

⑤～⑥轴线：$L_6=2.4-0.4=2m$

【注释】 2.4——Ⓑ～Ⓒ轴线间距离；
0.4——框架柱的截面宽度尺寸。

房间外部墙裙抹灰工程量 $S=(3.28+20.28+16+2+8.72+2)\times 0.68=35.5504m^2$

【注释】 3.28——Ⓐ轴线上房间外部墙裙抹灰长度；
20.28——Ⓑ轴线上房间外部墙裙抹灰长度；
16——Ⓒ轴线上房间外部墙裙抹灰长度；
2——①～②轴线区间房间外部墙裙抹灰长度；
8.72——③～④轴线区间房间外部墙裙抹灰长度；
2——⑤～⑥轴线区间房间外部墙裙抹灰长度；
0.68——墙裙抹灰的高度。

墙面抹灰工程量：

Ⓐ轴线：L_1＝3.28m

【注释】 3.28——二层服务台净宽度尺寸。

Ⓑ轴线：L_2＝25.74＋0.12＋0.12＋0.24＋0.24＋0.12＝26.58m

【注释】 25.74——Ⓑ轴线上室内的墙面抹灰长度；

0.12、0.24——隔墙及墙体的厚度。

Ⓒ轴线：L_3＝20.44＋0.24＋0.12＋0.24＋0.24＋0.12＝21.4m

【注释】 20.44——Ⓒ轴线上室内的墙面抹灰长度；

0.12、0.24——隔墙及墙体的厚度。

①～②轴线：L_4＝2.4－0.4＝2m

【注释】 2.4——Ⓑ～Ⓒ轴线间距离；

0.4——框架柱的截面宽度尺寸。

③～④轴线：L_5＝(4.2＋0.4－0.24)×2＝4.36×2＝8.72m

【注释】 4.2——Ⓐ～Ⓑ轴线之间距离；

0.4——框架柱的截面宽度尺寸；

0.24——房间内墙体的厚度。

⑤～⑥轴线：L_6＝2.4－0.4＝2m

【注释】 2.4——Ⓑ～Ⓒ轴线间距离；

0.4——框架柱的截面宽度尺寸。

房间外部墙面抹灰长度 L＝3.28＋26.58＋21.4＋2＋8.72＋2＝63.98m

【注释】 3.28——Ⓐ轴线上房间外部墙裙抹灰长度；

26.58——Ⓑ轴线上房间外部墙裙抹灰长度；

21.4——Ⓒ轴线上房间外部墙裙抹灰长度；

2——①～②轴线区间房间外部墙裙抹灰长度；

8.72——③～④轴线区间房间外部墙裙抹灰长度；

2——⑤～⑥轴线区间房间外部墙裙抹灰长度。

房间外部墙面抹灰工程量

S＝ 63.98×(1.68＋0.12)－13×(2.1－0.68)×0.9－1.5×1.5×11＝73.8m^2

【注释】 63.98——房间外部墙面抹灰长度；

1.68——墙裙顶部到天棚底部的距离；

0.12——踢脚线高度；

13——Ⓑ、Ⓒ轴线上门的数量；

2.1——门的高度尺寸；

0.68——墙裙抹灰的高度；

0.9——门的宽度尺寸；

1.5×1.5——窗的面积；

11——1.5×1.5 窗的数量。

f. 二层总工程量

二层墙裙抹灰总工程量

$S=34.632+4.4336+1.9584+105.2776+35.5504=181.852m^2$

【注释】 34.632——卫生间室内墙裙抹灰工程量；
4.4336——盥洗池间墙裙抹灰工程量；
1.9584——框架柱面多余长度墙裙抹灰工程量；
105.2776——房间内部墙裙抹灰工程量；
35.5504——房间外部墙裙抹灰工程量。

二层墙面抹灰总工程量 $S=12.6872+11.736+5.184+204.372+73.8=307.7792m^2$

【注释】 12.6872——卫生间室内墙面抹灰工程量；
11.736——盥洗池间墙面抹灰工程量；
5.184——框架柱面多余长度墙面抹灰工程量；
204.372——房间内部墙面抹灰工程量；
73.8——房间外部墙面抹灰工程量。

④ 三层内墙抹灰

三层墙面抹灰工程量同二层墙面抹灰工程量。

三层墙裙抹灰总工程量 $S=181.852m^2$

三层墙面抹灰总工程量 $S=307.7792m^2$

⑤ 内墙墙面抹灰总工程量

内墙墙裙抹灰总工程量 $S=193.6976+181.852+181.852=557.4016m^2$

【注释】 193.6976——一层与楼梯间墙裙抹灰工程量；
181.852——二层墙裙抹灰工程量；
181.852——三层墙裙抹灰工程量。

内墙墙面抹灰总工程量 $S=358.9984+307.7792+307.7792=974.5568m^2$

【注释】 358.9984——一层与楼梯间墙面抹灰工程量；
307.7792——二层墙面抹灰工程量；
307.7792——三层墙面抹灰工程量。

⑥ 独立柱柱面抹灰总工程量

独立柱周长：$L=(0.4+0.4)\times2=1.6m$

【注释】 0.4——独立柱的截面宽度尺寸。

独立柱柱面一般抹灰工程量 $S=1.6\times(3-0.12-0.4)=1.6\times2.48=3.968m^2$

【注释】 1.6——独立柱周长；
3——一层层高；
0.12——楼板层厚度；
0.4——顶棚高度。

2）墙柱面块料面层装饰

① 建筑外墙镶贴块料

a. 红色饰面砖工程量：

$S=4\times0.4\times(9+1.2)\times2+2\times0.4\times(9+1.2)\times2+4\times(0.4+0.02)\times(9+1.2)\times2=83.232m^2$

【注释】 0.4——框架柱的宽度尺寸；
9——屋顶标高；

1.2——女儿墙高度；

0.02——外墙一般抹灰厚度。

b. 新疆红花岗石工程量：

$S=(9+1.2)\times(30+0.4+10.8+0.4)\times2-1.6\times2.3-6\times0.9\times0.6-21\times1.5\times1.5-30\times1.5\times2.1-15\times1.5\times2.4-81.6$

$=564.37m^2$

【注释】 9——屋顶标高；

1.2——女儿墙高度；

30——①～⑥轴线间距离；

10.8——Ⓐ～Ⓓ轴线间距离；

0.4——框架柱宽度尺寸；

1.6×2.3——大门的面积；

6——高窗的数量；

0.9、0.6——高窗的宽度和高度；

21——1.5×1.5 窗的数量；

1.5——窗的尺寸；

30——1.5×2.1 窗的数量；

1.5、2.1——该类窗的高度和宽度；

15——1.5×2.4 窗的数量；

1.5、2.4——该类窗的高度和宽度；

81.6——红色饰面砖装饰的外墙面积。

c. 中国黑大理石工程量：

$S=(30+0.4+10.8+0.4+0.02\times2)\times2\times0.45-0.45\times2.4-0.45\times12\times0.45$

$=37.476-1.08-2.43m^2$

$=33.966m^2$

【注释】 3030——①～⑥轴线间距离；

10.8——Ⓐ～Ⓓ轴线间距离；

0.4——框架柱宽度尺寸；

0.02——外墙一般抹灰厚度；

0.45——室内外高差；

2.4——室外台阶宽度；

0.45×12×0.45——无障碍坡道占取的面积；

12——1∶12 为无障碍坡道的坡度。

② 一层内墙镶贴块料

除卫生间外，高度均为 $h=0.8-0.12=0.68m$

如图 4-33 卫生间墙裙图所示。

a. 卫生间内

卫生间室内墙裙镶贴块料的长度：

$L=(4.2-1.4-0.06-0.04-0.02\times2)\times4+(5.24-0.12-0.02\times4)\times2-0.9\times2=18.92m$

【注释】 4.2——Ⓒ～Ⓓ轴线之间距离；
1.4——卫生间与盥洗室之间隔墙的轴线到Ⓒ轴线之间距离；
0.06——隔墙厚度的一半；
0.04——墙体内边缘离轴线的距离；
0.02——外墙一般抹灰厚度；
5.24——Ⓓ轴线上卫生间的净距离；
0.12——卫生间内隔墙厚度；
0.9——卫生间门的宽度尺寸；
2——卫生间门的数量。

卫生间室内墙裙镶贴块料的工程量 $S=18.92\times1.8=34.056\text{m}^2$

【注释】 18.92——卫生间室内墙裙镶贴块料的长度；
1.8——卫生间内墙裙高度。

b. 盥洗池间镶贴块料

盥洗池间镶贴块料净长度：$L=5.24-0.02\times2-0.9\times2+(1.4-0.06+0.2)\times2=6.48\text{m}$

【注释】 5.24——Ⓓ轴线上卫生间的净距离；
0.02——外墙一般抹灰厚度；
0.9——门的宽度尺寸；
1.4——卫生间与盥洗室之间隔墙的轴线到Ⓒ轴线之间距离；
0.06——隔墙厚度的一半；
0.2——框架柱宽度尺寸的一半。

墙裙镶贴块料工程量 $S=6.48\times0.68=4.4064\text{m}^2$

【注释】 6.48——盥洗池间镶贴块料净长度；
0.68——墙裙镶贴块料的高度。

c. 框架柱面多余长度：

与踢脚线长度相同。

框架柱面多余长度上的墙裙工程量 $S=0.3072/0.12\times0.68=1.7408\text{m}^2$

【注释】 0.3072——框架柱面多余长度范围上的踢脚线工程量；
0.12——踢脚线高度；
0.68——墙裙高度。

d. 门洞处

卫生间门洞处墙裙长度：$L_1=(0.12\times0.25+0.02\times2)\times2\times2=0.28\text{m}$

【注释】 0.12——隔墙厚度；
2——门洞两侧；
2——门的数量；
0.25——卫生间门洞仅门外侧有墙裙，故取门洞侧边尺寸的1/4。

Ⓒ轴线上门洞处墙裙长度：$L_2=(0.24\times0.5+0.02\times2)\times2\times6=1.92\text{m}$

【注释】 0.24——Ⓒ轴线上门洞处的墙体厚度；
0.02——墙面一般抹灰的厚度；
2——门两侧；

6——门的数量；

0.5——表示门洞处墙裙取门洞侧边尺寸的一半。

Ⓑ轴线上门洞处墙裙长度：L_3=(0.24×0.5+0.02×2)×2×6=1.92m

【注释】0.24——Ⓑ轴线上门洞处的墙体厚度；

0.02——墙面一般抹灰的厚度；

2——门两侧；

6——门的数量；

0.5——表示门洞处墙裙取门洞侧边尺寸的一半。

大门处墙裙长度：L_4=(0.24×0.25+0.02×2)×2×1=0.20m

【注释】0.24——Ⓐ轴线上门洞处的墙体厚度；

0.02——墙面一般抹灰厚度；

2——门两侧；

1——门的数量；

0.25——大门仅门外侧有墙裙，故取门洞侧边尺寸的1/4。

门洞处墙裙工程量 L=(0.28+1.92+1.92+0.20)×0.12=4.32×0.12=0.5184m^2

【注释】0.28——卫生间门洞处墙裙长度；

1.92——Ⓒ轴线上门洞处墙裙长度；

1.92——Ⓑ轴线上门洞处墙裙长度；

0.16——大门处墙裙长度；

0.12——墙裙高度。

e. 房间内部：

墙裙镶贴块料工程量

Ⓐ轴线：L_1=5.3+4.32+5.9+5.9−0.02×2×4=21.26m

【注释】5.3——办公室2的房间净宽度；

4.32——办公室3的房间净宽度；

5.9——休息室的房间净宽度；

5.9——接待室的房间净宽度；

0.02——一般抹灰的厚度。

Ⓑ轴线：L_2=5.3+4.32+5.9+5.9−6×0.9−0.02×2×4=15.86m

【注释】5.3——办公室2的房间净宽度；

4.32——办公室3的房间净宽度；

5.9——休息室的房间净宽度；

5.9——接待室的房间净宽度；

0.9——Ⓑ轴线上门宽度；

6——Ⓑ轴线上门数量；

0.02——一般抹灰的厚度。

Ⓒ轴线：L_3=4.32+4.32+5.9+5.9−6×0.9−0.02×2×4=14.88m

【注释】4.32——总经理办公室的房间净宽度；

4.32——副总经理办公室的房间净宽度；

5.9——会议室的房间净宽度；
5.9——办公室1的房间净宽度；
0.9——各房间门宽度尺寸；
6——Ⓒ轴线上门数量；
0.02——一般抹灰的厚度。

Ⓓ轴线：L_4＝4.32＋4.32＋5.9＋5.9－0.02×2×4＝20.28m

【注释】 4.32——总经理办公室的房间净宽度；
4.32——副总经理办公室的房间净宽度；
5.9——会议室的房间净宽度；
5.9——办公室1的房间净宽度；
0.02——一般抹灰的厚度。

①～②轴线：L_5＝4.12＋4.12＋4.12×2－0.02×2×4＝16.32m

【注释】 4.12——各房间内墙体间净距离；
0.02——一般抹灰的厚度。

②～③轴线：L_6＝4.12＋4.12×2－0.02×2×3＝12.24m

【注释】 4.12——各房间内墙体间净距离；
0.02——一般抹灰的厚度。

③～④轴线：L_7＝4.12－0.02×2＝4.08m

【注释】 4.12——各房间内墙体间净距离；
0.02——一般抹灰的厚度。

④～⑤轴线：L_8＝4.12×2＋4.12×2－0.02×2×4＝16.32m

【注释】 4.12——各房间内墙体间净距离；
0.02——一般抹灰的厚度。

⑤～⑥轴线：L_9＝4.12×2＋4.12×2－0.02×2×4＝16.32m

【注释】 4.12——各房间内墙体间净距离；
0.02——一般抹灰的厚度。

房间内部墙裙镶贴块料工程量

L＝(21.26＋15.86＋14.88＋20.28＋16.32＋12.24＋4.08＋16.32＋16.32)×0.68＝93.5408m^2

【注释】 21.26——Ⓐ轴线房间内部墙裙镶贴块料长度；
15.86——Ⓑ轴线房间内部房间内部墙裙长度；
14.88——Ⓒ轴线房间内部墙裙长度；
20.28——Ⓓ轴线房间内部墙裙长度；
16.32——①～②轴线房间内部墙裙长度；
12.24——②～③轴线房间内部墙裙长度；
4.08——③～④轴线房间内部墙裙长度；
16.32——④～⑤轴线房间内部墙裙长度；
16.32——⑤～⑥轴线房间内部墙裙长度；
0.68——墙裙镶贴块料高度。

f. 房间外部墙裙镶贴块料（与房间内部踢脚线的长度相对照来求值）

墙裙镶贴块料工程量

Ⓐ轴线：L_1＝7.78－1.6＝6.18m

【注释】 7.78——门厅的净宽度；

1.6——大门宽度。

Ⓑ轴线：L_2＝16.02＋0.12＋0.24＋0.24＋0.12＝16.74m

【注释】 16.02——Ⓑ轴线房间内部踢脚线长度；

0.12、0.24——房间内墙体及隔墙的厚度。

Ⓒ轴线：L_3＝15.04＋0.24＋0.12＋0.24＋0.24＋0.12＝16m

【注释】 15.04——Ⓒ轴线房间内部踢脚线长度；

0.12、0.24——房间内墙体及隔墙的厚度。

①～②轴线：L_4＝2.4－0.4－0.02×2＝1.96m

【注释】 2.4——Ⓑ～Ⓒ轴线间距离；

0.4——框架柱的截面宽度尺寸。

②～③轴线：L_5＝4.2＋0.4－0.24＝4.36m

【注释】 4.2——Ⓐ～Ⓑ轴线之间距离；

0.4——框架柱的截面宽度尺寸；

0.24——房间内墙体的厚度。

③～④轴线：L_6＝4.2＋0.4－0.24＝4.36m

【注释】 4.2——Ⓐ～Ⓑ轴线之间距离；

0.4——框架柱的截面宽度尺寸；

0.24——房间内墙体的厚度。

⑤～⑥轴线：L_7＝2.4－0.4－0.02×2＝1.96m

【注释】 2.4——Ⓑ～Ⓒ轴线间距离；

0.4——框架柱的截面宽度尺寸。

房间外部墙裙镶贴块料长度 L＝6.18＋16.74＋16＋1.96＋4.36＋4.36＋1.96＝51.56m

【注释】 6.18——Ⓐ轴线房间外部墙裙镶贴块料长度；

16.74——Ⓑ轴线房间外部房间外部墙裙长度；

16——Ⓒ轴线房间外部墙裙长度；

1.96——①～②轴线房间外部墙裙长度；

4.36——②～③轴线房间外部墙裙长度；

4.36——③～④轴线房间外部墙裙长度；

1.96——⑤～⑥轴线房间外部墙裙长度。

房间外部墙裙镶贴块料工程量 S＝51.56×0.68＝35.0608m^2

【注释】 51.56——房间外部墙裙总长度；

0.68——墙裙高度。

g. 楼梯间

墙裙长度范围 L＝(4.2＋0.4－0.24)×4＋(3.28－0.02×2)×3＋(1.2＋0.26×9)×2＝34.24m

【注释】 4.2——Ⓒ～Ⓓ轴线之间距离；

0.4——框架柱的宽度尺寸；

0.24——墙体的厚度；
0.2——框架柱的宽度尺寸的一半；
3.28——楼梯间净宽度；
0.02——一般抹灰的厚度；
0.26——踏面宽度；
9——踏面数；
1.2——休息平台宽度。

楼梯间墙裙工程量 $S=34.24\times0.68=23.2832\text{m}^2$

h. 一层与楼梯间镶贴块料总工程量

孔雀鱼马赛克（卫生间墙裙）：$S=34.056\text{m}^2$

【注释】 34.056——卫生间室内墙面镶贴块料的工程量。

陶瓷面砖（其余墙裙镶贴块料）总工程量

$S=34.056+4.4064+1.7408+0.5184+93.5408+35.0608+23.2832=192.6064\text{m}^2$

【注释】 34.056——卫生间室内墙面镶贴块料工程量；
4.4064——盥洗池间墙面镶贴块料工程量；
1.7408——框架柱面多余长度范围墙面镶贴块料工程量；
0.5184——门洞处镶贴块料工程量；
93.5408——房间内部墙面镶贴块料工程量；
35.0608——房间外部墙面镶贴块料工程量；
23.2832——楼梯间墙面镶贴块料工程量。

③ 二层内墙镶贴块料

a. 卫生间

卫生间室内墙裙镶贴块料长度：

$L=(4.2-1.4-0.06-0.04-0.02\times2)\times4+(5.24-0.12-0.02\times4)\times2-0.9\times2=18.92\text{m}$

【注释】 4.2——Ⓒ～Ⓓ轴线之间距离；
1.4——卫生间与盥洗室之间隔墙的轴线到Ⓒ轴线之间距离；
0.06——隔墙厚度的一半；
0.04——墙体内边缘离柱轴线的距离；
0.02——外墙一般抹灰厚度；
5.24——Ⓓ轴线上卫生间的净距离；
0.12——卫生间内隔墙厚度；
0.9——卫生间门的宽度尺寸；
2——卫生间门的数量。

卫生间室内墙裙镶贴块料工程量 $S=18.92\times1.8=34.056\text{m}^2$

【注释】 18.92——卫生间室内墙裙镶贴块料的长度；
1.8——卫生间内墙裙高度。

b. 盥洗池间镶贴块料

同一层盥洗池间镶贴块料计算。

墙裙镶贴块料工程量 $S=4.4064\text{m}^2$

c. 框架柱面多余长度

长度同踢脚线长度，框架柱面多余长度墙裙镶贴块料工程量

$$S=0.3456/0.12\times0.68=1.9584\text{m}^2$$

d. 门洞处

卫生间门洞处墙裙长度：$L_1=(0.12\times0.25+0.02\times2)\times2\times2=0.28\text{m}$

【注释】 0.12——隔墙厚度；

2——门洞两侧；

2——门的数量；

0.25——卫生间门洞仅门外侧有墙裙，故取门洞侧边尺寸的 1/4。

Ⓒ轴线上门洞处墙裙长度：$L_2=(0.24\times0.5+0.02\times2)\times2\times6=1.92\text{m}$

【注释】 0.24——Ⓒ轴线上门洞处的墙体厚度；

0.02——墙面一般抹灰的厚度；

2——门两侧；

6——门的数量；

0.5——表示门洞处墙裙取门洞侧边尺寸的一半。

Ⓑ轴线上门洞处墙裙长度：$L_3=(0.24\times0.5+0.02\times2)\times2\times7=2.24\text{m}$

【注释】 0.24——Ⓑ轴线上门洞处的墙体厚度；

0.02——墙面一般抹灰的厚度；

2——门两侧；

7——门的数量；

0.5——表示门洞处墙裙取门洞侧边尺寸的一半。

门洞处墙裙工程量 $S=(0.28+1.92+2.24)\times0.12=4.44\times0.12=0.5328\text{m}^2$

【注释】 0.28——卫生间门洞处墙裙长度；

1.92——Ⓒ轴线上门洞处墙裙长度；

2.24——Ⓑ轴线上门洞处墙裙长度；

0.12——墙裙高度。

e. 房间内部

墙裙镶贴块料工程量

Ⓐ轴线：$L_1=5.3+4.32+4.32+5.9+5.9-0.02\times2\times5=25.54\text{m}$

【注释】 5.3——办公室 2 的房间净宽度；

4.32——办公室 3 的房间净宽度；

4.32——办公室 4 的房间净宽度；

5.9——休息室的房间净宽度；

5.9——接待室的房间净宽度；

0.02——一般抹灰的厚度。

Ⓑ轴线：$L_2=5.3+4.32+4.32+5.9+5.9-7\times0.9-0.02\times2\times5=19.24\text{m}$

【注释】 5.3——办公室 2 的房间净宽度；

4.32——办公室 3 的房间净宽度；

5.9——休息室的房间净宽度；

5.9——接待室的房间净宽度；

0.9——Ⓑ轴线上门宽度；

7——Ⓑ轴线上门数量。

Ⓒ轴线：$L_3=4.32+4.32+5.9+5.9-6\times0.9-0.02\times2\times4=14.88\text{m}$

【注释】 4.32——总经理办公室的房间净宽度；

4.32——副总经理办公室的房间净宽度；

5.9——会议室的房间净宽度；

5.9——办公室1的房间净宽度；

0.9——各房间门宽度尺寸；

6——Ⓒ轴线上门数量；

0.02——一般抹灰的厚度。

Ⓓ轴线：$L_4=4.32+4.32+5.9+5.9-0.02\times2\times4=20.28\text{m}$

【注释】 4.32——总经理办公室的房间净宽度；

4.32——副总经理办公室的房间净宽度；

5.9——会议室的房间净宽度；

5.9——办公室1的房间净宽度；

0.02——一般抹灰的厚度。

①～②轴线：$L_5=4.12+4.12+4.12\times2-0.02\times2\times4=16.32\text{m}$

【注释】 4.12——各房间内墙体间净距离；

0.02——一般抹灰的厚度。

②～③轴线：$L_6=4.12\times2+4.12\times2-0.02\times2\times4=16.32\text{m}$

【注释】 4.12——各房间内墙体间净距离；

0.02——一般抹灰的厚度。

③～④轴线：$L_7=4.12\times2-0.02\times2\times2=8.16\text{m}$

【注释】 4.12——各房间内墙体间净距离；

0.02——一般抹灰的厚度。

④～⑤轴线：$L_8=4.12\times2+4.12\times2-0.02\times2\times4=16.32\text{m}$

【注释】 4.12——各房间内墙体间净距离；

0.02——一般抹灰的厚度。

⑤～⑥轴线：$L_9=4.12\times2+4.12\times2-0.02\times2\times4=16.32\text{m}$

【注释】 4.12——各房间内墙体间净距离；

0.02——一般抹灰的厚度。

房间内部墙裙镶贴块料工程量

$S=(25.54+19.24+14.88+20.28+16.32+16.32+8.16+16.32+16.32)\times0.68$
$=153.38\times0.68=104.2984\text{m}^2$

【注释】 25.54——Ⓐ轴线墙裙镶贴块料长度；

19.24——Ⓑ轴线房间内部墙裙长度；

14.88——Ⓒ轴线房间内部墙裙长度；

20.28——Ⓓ轴线房间内部墙裙长度；

16.32——①～②轴线房间内部墙裙长度；
16.32——②～③轴线房间内部墙裙长度；
8.16——③～④轴线房间内部墙裙长度；
16.32——④～⑤轴线房间内部墙裙长度；
16.32——⑤～⑥轴线房间内部墙裙长度；
0.68——墙裙镶贴块料高度。

f. 房间外部墙裙镶贴块料（与房间内部踢脚线的长度相对照来求值）

Ⓐ轴线：L_1=3.28−0.02×2=3.24m

【注释】 3.28——服务台的净宽度；
0.02——一般抹灰的厚度。

Ⓑ轴线：L_2=19.44+0.12+0.12+0.24+0.24+0.12=20.28m

【注释】 19.44——Ⓑ轴线房间内部踢脚线长度；
0.12、0.24——隔墙及墙体的厚度。

Ⓒ轴线：L_3=15.04+0.24+0.12+0.24+0.24+0.12=16m

【注释】 15.04——Ⓒ轴线房间内部踢脚线长度；
0.12、0.24——房间内墙体及隔墙的厚度。

①～②轴线：L_4=2.4−0.4−0.02×2=1.96m

【注释】 2.4——Ⓑ～Ⓒ轴线间距离；
0.4——框架柱的截面宽度尺寸；
0.02——一般抹灰的厚度。

③～④轴线：L_5=2×(4.2+0.4−0.24)=8.72m

【注释】 4.2——Ⓐ～Ⓑ轴线之间距离；
0.4——框架柱的截面宽度尺寸；
0.24——房间内墙体的厚度。

⑤～⑥轴线：L_6=2.4−0.4−0.02×2=1.96m

【注释】 2.4——Ⓑ～Ⓒ轴线间距离；
0.4——框架柱的截面宽度尺寸；
0.02——一般抹灰的厚度。

房间外部墙裙镶贴块料工程量 S=(3.24+20.28+16+1.96+8.72+1.96)×0.68
=35.469m^2

【注释】 3.24——Ⓐ轴线上房间外部镶贴块料长度；
20.28——Ⓑ轴线上房间外部镶贴块料长度；
16——Ⓒ轴线上房间外部镶贴块料长度；
1.96——①～②轴线区间房间外部镶贴块料长度；
8.72——③～④轴线区间房间外部镶贴块料长度；
1.96——⑤～⑥轴线区间房间外部镶贴块料长度；
0.68——镶贴块料的高度。

g. 二层总工程量

孔雀鱼马赛克（卫生间墙裙）：$S=34.056\text{m}^2$

【注释】 34.056——卫生间室内墙面镶贴块料的工程量。

陶瓷面砖（其余墙裙镶贴块料）总工程量

$$S=34.056+4.4064+1.9584+0.5328+104.2984+35.469=180.721\text{m}^2$$

【注释】 34.056——卫生间室内镶贴块料工程量；

4.4064——盥洗池间镶贴块料工程量；

1.9584——框架柱面多余长度范围墙裙镶贴块料工程量；

0.5328——门洞处镶贴块料工程量；

104.2984——房间内部镶贴块料工程量；

35.469——房间外部镶贴块料工程量。

④ 三层内墙镶贴块料

三层墙面镶贴块料工程量同二层墙面镶贴块料工程量。

孔雀鱼马赛克（卫生间墙裙）：$S=34.056\text{m}^2$

陶瓷面砖（其余墙裙镶贴块料）总工程量 $S=180.721\text{m}^2$

⑤ 内墙墙面镶贴块料总工程量

孔雀鱼马赛克（卫生间墙裙）：$S=34.056+34.056+34.056=102.168\text{m}^2$

【注释】 34.056——一层卫生间镶贴块料工程量；

34.056——二层卫生间镶贴块料工程量；

34.056——三层卫生间镶贴块料工程量。

陶瓷面砖（其余墙裙镶贴块料）总工程量

$$S=192.6064+180.721+180.721=554.0484\text{m}^2$$

【注释】 192.6064——一层与楼梯间墙面镶贴块料工程量；

180.721——二层墙面镶贴块料工程量；

180.721——三层墙面镶贴块料工程量。

⑥ 独立柱块料面层装饰

独立柱镶贴陶瓷面砖工程量 $S=(0.4+0.4+0.02\times2+0.005\times2)\times2\times(3-0.12-0.4)$

$=1.7\times2.48=4.216\text{m}^2$

【注释】 0.4——框架柱的截面宽度尺寸；

0.02——独立柱面一般抹灰厚度；

0.005——陶瓷面砖厚度；

3——层高；

0.12——楼面板厚度；

0.4——吊顶高度。

（4）顶棚工程

如图 4-48～图 4-50 所示。

1）轻钢龙骨工程量

① 一层轻钢龙骨工程量

a. Ⓒ～Ⓓ轴线区间轻钢龙骨工程量

S_1 =5.24×(4.12−0.12)−0.12×(4.2−1.4−0.04−0.06)+4.32×(4.2−0.04×2)×2+5.9×(4.2−0.04×2)×2
=104.8488m^2

【注释】 5.24——Ⓓ轴线上卫生间的净距离；
4.12——房间的进深；
0.12——隔墙的厚度；
1.4——带门的隔墙中心线到Ⓒ轴线的距离；
0.04——墙体内边缘离柱轴线的距离；
0.06——卫生间内隔墙厚度的一半。
4.32——总经理、副总经理净长度；
4.2−0.04×2——房间的进深；
5.9——会议室、办公室净长度；
(4.2−0.04×2)——房间的进深。

b. Ⓑ～Ⓒ轴线区间轻钢龙骨工程量

S_2=(30−0.04×2)×(2.4−0.4)+(7.78−0.4)×0.2=61.316m^2

【注释】 30——①～⑥轴线之间距离；
2.4——Ⓑ～Ⓒ轴线之间距离；
0.04——墙体内边缘离柱轴线的距离；
7.78——门厅的净宽度；
0.4——框架柱的宽度尺寸；
0.2——框架柱的宽度尺寸的一半。

c. Ⓐ～Ⓑ轴线区间轻钢龙骨工程量

S_3=(5.3+4.32+5.9+5.9)×4.12+7.78×(4.2−0.04)−0.2×0.4=120.5352m^2

【注释】 5.3——办公室2的房间净宽度；
4.32——办公室3的房间净宽度；
7.78——门厅的净宽度；
5.9——休息室的房间净宽度；
5.9——接待室的房间净宽度；
4.12——房间的进深；
0.04——墙体内边缘离柱轴线的距离；
0.4——框架柱的宽度尺寸；
0.2——框架柱的宽度尺寸的一半。

d. 一层轻钢龙骨工程量

S=104.8488+61.316+120.5352=286.7m^2

【注释】 104.8488——一层Ⓒ～Ⓓ轴线区间轻钢龙骨工程量；
61.316——一层Ⓑ～Ⓒ轴线区间轻钢龙骨工程量；
120.5352——一层Ⓐ～Ⓑ轴线区间轻钢龙骨工程量。

② 二层轻钢龙骨工程量

a. Ⓒ～Ⓓ轴线区间轻钢龙骨工程量

S_1 ＝5.24×(4.12－0.12)－0.12×(4.2－1.4－0.04－0.06)＋4.32×(4.2－0.04×2)×2＋5.9×(4.2－0.04×2)×2

＝104.8488m^2

【注释】 5.24——Ⓓ轴线上卫生间的净距离；

4.12——房间的进深；

0.12——隔墙的厚度；

1.4——带门的隔墙中心线到Ⓒ轴线的距离；

0.04——墙体内边缘离轴线的距离；

0.06——卫生间内隔墙厚度的一半；

4.32——总经理、副总经理房间净长度；

4.2－0.04×2——房间的进深；

5.9——会议室、办公室净长度；

4.2－0.04×2——房间的进深。

b. Ⓑ～Ⓒ轴线区间轻钢龙骨工程量

S_2 ＝ (30－0.04×2)×(2.4－0.4)＋3.28 ×0.2＝60.496m^2

【注释】 30——①～⑥轴线之间距离；

2.4——Ⓑ～Ⓒ轴线之间距离；

0.04——墙体内边缘离柱轴线的距离；

3.28——服务台的净宽度；

0.4——框架柱的宽度尺寸；

0.2——框架柱的宽度尺寸的一半。

c. Ⓐ～Ⓑ轴线区间轻钢龙骨工程量

S_3＝(5.3＋4.32＋4.32＋5.9＋5.9)×4.12＋3.28×(4.2－0.04)＝119.6936m^2

【注释】 5.3——办公室 2 的房间净宽度；

4.32——办公室 3 的房间净宽度；

4.32——办公室 4 的房间净宽度；

5.9——休息室的房间净宽度；

5.9——接待室的房间净宽度；

4.12——房间的进深；

0.04——墙体内边缘离柱轴线的距离。

d. 二层轻钢龙骨工程量

S＝104.8488＋60.496＋119.6936＝285.0384m^2

【注释】 104.8488——二层Ⓒ～Ⓓ轴线区间轻钢龙骨工程量；

60.496——二层Ⓑ～Ⓒ轴线区间轻钢龙骨工程量；

119.6936——二层Ⓐ～Ⓑ轴线区间轻钢龙骨工程量。

③ 三层轻钢龙骨工程量

三层轻钢龙骨工程量同二层轻钢龙骨工程量。

三层轻钢龙骨工程量 $S=285.0384m^2$

④ 轻钢龙骨总工程量

$$S=286.7+285.0384+285.0384=856.7768m^2$$

【注释】 286.7——一层轻钢龙骨工程量；

285.0384——二层轻钢龙骨工程量；

285.0384——三层轻钢龙骨工程量。

2）铝塑板工程量

$$S=3\times5.24\times(4.12-0.12)-3\times0.12\times(4.2-1.4-0.04-0.06)=61.908m^2$$

【注释】 5.24——Ⓓ轴线上卫生间的净距离；

4.12——房间的进深；

0.12——隔墙的厚度；

4.2——Ⓒ～Ⓓ轴线之间距离；

1.4——带门的隔墙中心线到Ⓒ轴线的距离；

0.04——墙体内边缘离柱轴线的距离；

0.06——卫生间内隔墙厚度的一半；

3——卫生间的数量。

3）纸面石膏板工程量（图 4-49）

① 一层纸面石膏板工程量

a. Ⓒ～Ⓓ轴线区间纸面石膏板工程量

$$S_1=2\times(4.2-0.04\times2)\times4.32+5.9\times(4.2-0.04\times2)\times2=84.2128m^2$$

【注释】 4.32——总经理（副总经理）办公室的房间净宽度；

5.9——会议室（办公室 1）的房间净宽度；

4.2——Ⓒ～Ⓓ轴线之间距离；

0.04——墙体内边缘离轴柱线的距离。

b. Ⓑ～Ⓒ轴线区间纸面石膏板工程量

$$S_2=(30-0.04\times2)\times(2.4-0.4)+(7.78-0.4)\times0.2=61.316m^2$$

【注释】 30——①～⑥轴线之间距离；

0.04——墙体内边缘离柱轴线的距离；

2.4——Ⓑ～Ⓒ轴线之间距离；

0.4——框架柱宽度尺寸；

0.2——框架柱宽度尺寸的一半；

7.78——门厅的净宽度。

c. Ⓐ～Ⓑ轴线区间纸面石膏板工程量

$$S_3=(5.3+4.32+5.9+5.9)\times4.12+7.78\times(4.2-0.04)-0.2\times0.4=120.5352m^2$$

【注释】 5.9——接待室的房间净宽度；

5.9——休息室的房间净宽度；

4.32——办公室 3 的房间净宽度；

5.3——办公室 2 的房间净宽度；

7.78——一层大厅的宽度；

0.04——墙体内边缘离柱轴线的距离；

0.4——框架柱宽度尺寸；

0.2——框架柱宽度尺寸的一半；

4.2——Ⓐ～Ⓑ轴线之间距离。

d. 一层纸面石膏板工程量

$$S=84.2128+61.316+120.5352=266.064\text{m}^2$$

【注释】 84.2128——一层Ⓒ～Ⓓ轴线区间纸面石膏板工程量；

61.316——一层Ⓑ～Ⓒ轴线区间纸面石膏板工程量；

120.5352——一层Ⓐ～Ⓑ轴线区间纸面石膏板工程量。

② 二层纸面石膏板工程量（图 4-50）

a. Ⓒ～Ⓓ轴线区间纸面石膏板工程量

$$S_1=4.32\times(4.2-0.04\times2)\times2+5.9\times(4.2-0.04\times2)\times2=84.2128\text{m}^2$$

【注释】 4.32——总经理（副总经理）办公室的房间净宽度；

5.9——会议室（办公室 1）的房间净宽度；

0.04——墙体内边缘离柱轴线的距离。

b. Ⓑ～Ⓒ轴线区间纸面石膏板工程量

$$S_2=(30-0.04\times2)\times(2.4-0.4)+3.28\times0.2=60.496\text{m}^2$$

【注释】 30——①～⑥轴线之间距离；

0.04——墙体内边缘离轴线的距离；

2.4——Ⓑ～Ⓒ轴线之间距离；

0.4——框架柱宽度尺寸；

0.2——框架柱宽度尺寸的一半；

3.28——服务台的净宽度。

c. Ⓐ～Ⓑ轴线区间纸面石膏板工程量

$$S_3=(5.3+4.32+4.32+5.9+5.9)\times4.12+3.28\times(4.2-0.04)=119.6936\text{m}^2$$

【注释】 5.9——接待室的房间净宽度；

5.9——休息室的房间净宽度；

4.32——办公室 3 的房间净宽度；

4.32——办公室 4 的房间净宽度；

5.3——办公室 2 的房间净宽度；

0.04——墙体内边缘离柱轴线的距离；

0.4——框架柱宽度尺寸；

0.2——框架柱宽度尺寸的一半；

4.2——Ⓐ～Ⓑ轴线之间距离。

d. 二层纸面石膏板工程量

$$S=84.2128+60.496+119.6936=264.4024\text{m}^2$$

【注释】 84.2128——二层Ⓒ～Ⓓ轴线区间纸面石膏板工程量；

60.496——二层Ⓑ～Ⓒ轴线区间纸面石膏板工程量；

119.6936——二层Ⓐ～Ⓑ轴线区间纸面石膏板工程量。

③ 三层纸面石膏板工程量（图 4-51）

三层纸面石膏板工程量同二层纸面石膏板工程量

三层纸面石膏板工程量 $S=264.4024\text{m}^2$

④ 纸面石膏板总工程量

$$S=266.064+264.4024+264.4024=794.8688\text{m}^2$$

【注释】 266.064——一层纸面石膏板工程量；

264.4024——二层纸面石膏板工程量；

264.4024——三层纸面石膏板工程量。

（5）门窗工程

如表 5-44、图 4-52～图 4～57 所示。

门窗表 **表 5-44**

类型	设计编号	洞口尺寸(mm)	数量					面积(m^2)
			1层	2层	3层	楼梯间	合计	
塑钢门	M1623	1600×2300	1				1	3.68
	M0921	900×2100	14	15	15		44	1.89
铝合金窗	C0906	900×600	2	2	2		6	0.54
	C1515	1500×1500	15	16	16	2	49	2.25
	C2115	2100×1500	10	10	10		30	3.15
	C2415	2400×1500	5	5	5		15	3.6

1）铝合金窗工程量

$$S=0.54\times6+2.25\times49+3.15\times30+15\times3.6=261.99\text{m}^2$$

【注释】 0.54、2.25、3.15、3.6——分别为三类铝合金窗的面积；

6、49、30、15——分别为三类铝合金窗的数量。

2）塑钢门工程量

$$S=44\times1.89+1\times3.68=86.84\text{m}^2$$

【注释】 1.89、3.68——分别为铝合金门和两类塑钢门的面积；

44、1——分别为两类门的数量。

（6）油漆、涂料、裱糊工程

1）一层内墙油漆工程量（图 4-33）

① 卫生间油漆工程量

卫生间室内油漆的长度 $L=(4.2-1.4-0.06-0.04)\times4+(5.24-0.12)\times2=21.04\text{m}$

【注释】 4.2——Ⓒ～Ⓓ轴线之间距离；

1.4——卫生间与盥洗室之间隔墙的轴线到Ⓒ轴线之间距离；

0.06——隔墙厚度的一半；

0.04——墙体内边缘离柱轴线的距离；

5.24——Ⓓ轴线上卫生间的净距离；

0.12——卫生间内隔墙厚度。

卫生间内油漆的工程量 $S=21.04\times0.68-0.9\times2\times(2.1-1.8)-0.9\times0.6\times2=12.6872\text{m}^2$

【注释】 21.04——卫生间室内墙面油漆的长度；
0.68——墙裙顶到天棚底部的墙体高度；
0.9——门的宽度尺寸；
2.1——门的高度尺寸；
1.8——卫生间内墙裙高度；
0.9——天窗的宽度尺寸；
0.6——天窗的高度尺寸。

② 盥洗池间油漆工程量

盥洗池间油漆长度：L＝5.24－0.9×2＋(1.4－0.06＋0.2)×2＝6.52m

【注释】 5.24——Ⓓ轴线上卫生间的净距离；
0.9——门的宽度尺寸；
0.06——隔墙厚度的一半；
0.2——框架柱宽度尺寸的一半。

盥洗池间油漆工程量 S＝6.52×1.68＝10.9536m^2

【注释】 6.52——盥洗池间油漆净长度；
1.68——墙裙顶到天棚底部的墙体高度。

③ 框架柱面多余长度油漆工程量

a. Ⓓ轴线上框架柱面多余长度油漆工程量

Ⓓ轴线上框架柱面多余长度 L_1＝(0.4－0.24)×2×2＝0.64m

【注释】 0.4——框架柱宽度尺寸；
0.24——墙体厚度；
2——表示柱的两侧边；
2——表示有2个柱。

Ⓓ轴线上框架柱面多余长度油漆工程量 S_1＝0.64×1.68＝1.0752m^2

【注释】 0.64——Ⓓ轴线上框架柱面多余长度；
1.68——油漆高度（＝3－板厚0.12－吊顶0.4－墙裙高0.68－踢脚线高0.12）。

b. Ⓒ轴线上框架柱面多余长度油漆工程量

Ⓒ轴线上框架柱面多余长度范围 L_1＝(0.4－0.24)×2＋(0.4－0.24)×2×2＝0.96m

【注释】 0.4——框架柱宽度尺寸；
0.24——墙体厚度；
2——表示柱的两侧边；
最后一个2——表示内框架柱有2个。

Ⓒ轴线上框架柱面多余长度油漆工程量 S_1＝0.96×1.68＝1.6128m^2

c. Ⓑ轴线上框架柱面多余长度油漆工程量

Ⓑ轴线上框架柱面多余长度 L_1＝(0.4－0.24)×2＝0.32m

【注释】 0.4——框架柱宽度尺寸；
0.24——墙体厚度；
2——表示柱的两侧边。

Ⓑ轴线上框架柱面多余长度油漆工程量 S_1＝0.32×1.68＝0.5376m^2

d. Ⓐ轴线上框架柱面多余长度油漆工程量

Ⓐ轴线上框架柱面多余长度 L_1＝(0.4－0.24)×2×2＝0.64m

【注释】 0.4——框架柱宽度尺寸；

0.24——墙体厚度；

2——表示柱的两侧边。

Ⓐ轴线上框架柱面多余长度油漆工程量 S_1＝0.64×1.68＝1.0752m²

e. 框架柱面多余长度油漆总工程量

框架柱面多余长度油漆总工程量 S＝1.0752＋1.6128＋0.5376＋1.0752＝14.3008m²

【注释】 1.0752——Ⓓ轴线上框架柱面多余长度油漆总工程量；

1.6128——Ⓒ轴线上框架柱面多余长度油漆总工程量；

0.5376——Ⓑ轴线上框架柱面多余长度油漆总工程量；

1.0752——Ⓐ轴线上框架柱面多余长度油漆总工程量。

④ 房间内部墙面油漆工程量

a. Ⓐ轴线上房间内部墙面油漆工程量

Ⓐ轴线上房间内部墙面油漆长度 L_1＝5.3＋4.32＋5.9＋5.9＝21.42m

【注释】 5.3——办公室 2 的房间净宽度；

4.32——办公室 3 的房间净宽度；

5.9——休息室的房间净宽度；

5.9——接待室的房间净宽度。

Ⓐ轴线上房间内部墙面油漆工程量 S_1＝21.42×1.68－6×2.1×1.5－2.4×1.5

＝13.4856m²

【注释】 21.42——Ⓐ轴线上房间内部墙面油漆长度；

1.68——油漆高度；

1.5——窗高度尺寸；

2.4、2.1——分别为不同型号窗的宽度尺寸；

6——Ⓐ轴线上 C2115 窗户的数量。

b. Ⓑ轴线上房间内部墙面油漆工程量

Ⓑ轴线上房间内部墙面油漆长度 L_2＝5.3＋4.32＋5.9＋5.9＝21.42m

【注释】 5.3——办公室 2 的房间净宽度；

4.32——办公室 3 的房间净宽度；

5.9——休息室的房间净宽度；

5.9——接待室的房间净宽度。

Ⓑ轴线上房间内部墙面油漆工程量

S_2＝21.42×1.68－4×1.5×1.5－6×0.9×(2.1－0.8)＝19.9656m²

【注释】 21.42——Ⓑ轴线上房间内部墙面油漆长度；

1.68——油漆高度；

1.5——窗高度尺寸；

1.5——窗的宽度尺寸；

0.8——墙裙的高度；

0.9——门宽度尺寸；
2.1——门高度尺寸；
4——Ⓑ轴线上 C1515 窗户的数量；
6——Ⓑ轴线上 M0921 门的数量。

c. Ⓒ轴线上房间内部墙面油漆工程量

Ⓒ轴线上房间内部墙面油漆长度 L_3＝4.32＋4.32＋5.9＋5.9＝20.44m

【注释】 4.32——总经理办公室的房间净宽度；
4.32——副总经理办公室的房间净宽度；
5.9——会议室的房间净宽度；
5.9——办公室1的房间净宽度。

Ⓒ轴线上房间内部墙面油漆工程量

$$S_3=20.44\times1.68-4\times1.5\times1.5-6\times0.9\times(2.1-0.8)=18.3192\text{m}^2$$

【注释】 20.44——Ⓒ轴线上房间内部墙面油漆长度；
1.68——油漆高度；
1.5——窗高度尺寸；
1.5——窗的宽度尺寸；
0.8——墙裙的高度；
0.9——门宽度尺寸；
2.1——门高度尺寸；
4——Ⓒ轴线上 C1515 窗户的数量；
6——Ⓒ轴线上 M0921 门的数量。

d. Ⓓ轴线上房间内部墙面油漆工程量

Ⓓ轴线上房间内部墙面油漆长度 L_4＝4.32＋4.32＋5.9＋5.9＝20.44m

【注释】 4.32——总经理办公室的房间净宽度；
4.32——副总经理办公室的房间净宽度；
5.9——会议室的房间净宽度；
5.9——办公室1的房间净宽度。

Ⓓ轴线上房间内部墙面油漆工程量

$$S_4=20.44\times1.68-2\times1.5\times1.5-4\times1.5\times2.1-1\times1.5\times2.4=13.6392\text{m}^2$$

【注释】 21.42——Ⓓ轴线上房间内部墙面油漆长度；
1.68——油漆高度；
1.5——窗高度尺寸；
2.1、2.4、1.5——分别为三种型号窗的宽度尺寸；
2——Ⓓ轴线室内 C1515 窗户的数量；
4——Ⓓ轴线室内 C2115 窗户的数量；
1——Ⓓ轴线室内 C2415 窗户的数量。

e. ①～②轴线区间房间内部墙面油漆工程量

①～②轴线区间房间内部墙面油漆长度 L_5＝4.12＋4.12＋4.12×2＝16.48m

【注释】 4.12——各房间内墙体间净距离。

①～②轴线区间房间内部墙面油漆工程量 S_5＝16.48×1.68－2.4×1.5＝24.0864m²

【注释】 16.48——①～②轴线区间房间内部墙面油漆长度；
1.68——油漆高度；
1.5——窗高度尺寸；
2.4——窗的宽度尺寸。

f. ②～③轴线区间房间内部墙面油漆工程量

②～③轴线区间房间内部墙面油漆长度 L_6＝4.12＋4.12×2＝12.36m

【注释】 4.12——各房间内墙体间净距离。

②～③轴线区间房间内部墙面油漆工程量 S_6＝12.36×1.68＝20.7648m²

【注释】 12.36——②～③轴线区间房间内部墙面油漆长度；
1.68——油漆高度。

g. ③～④轴线区间房间内部墙面油漆工程量

③～④轴线区间房间内部墙面油漆长度 L_7＝4.12m

【注释】 4.12——各房间内墙体间净距离。

③～④轴线区间房间内部墙面油漆工程量 S_7＝4.12×1.68＝6.9216m²

【注释】 4.12——③～④轴线区间房间内部墙面油漆长度；
1.68——油漆高度。

h. ④～⑤轴线区间房间内部墙面油漆工程量

④～⑤轴线区间房间内部墙面油漆长度 L_8＝ 4.12×2＋4.12×2＝16.48m

【注释】 4.12——各房间内墙体间净距离。

④～⑤轴线区间房间内部墙面油漆工程量 S_8＝16.48×1.68＝27.6864m²

【注释】 16.48——①～②轴线区间房间内部墙面油漆长度；
1.68——油漆高度。

i. ⑤～⑥轴线区间房间内部墙面油漆工程量

⑤～⑥轴线区间房间内部墙面油漆长度 L_9＝4.12×2＋4.12×2＝16.48m

【注释】 4.12——各房间内墙体间净距离。

⑤～⑥轴线区间房间内部墙面油漆工程量 S_9＝16.48×1.68－2.4×1.5×2＝20.4864m²

【注释】 16.48——①～②轴线区间房间内部墙面油漆长度；
1.68——油漆高度；
1.5——窗高度尺寸；
2.4——窗的宽度尺寸。

j. 房间内部墙面油漆工程量

S＝13.4856＋19.9656＋18.3192＋13.6392＋24.0864＋20.7648＋6.9216＋27.6864＋20.4864
＝165.3552m²

【注释】 13.4856——Ⓐ轴线上房间内部墙面油漆工程量；
19.9656——Ⓑ轴线上房间内部墙面油漆工程量；
18.3192——Ⓒ轴线上房间内部墙面油漆工程量；
13.6392——Ⓓ轴线上房间内部墙面油漆工程量；
24.0864——①～②轴线区间房间内部墙面油漆工程量；

20.7648——②～③轴线区间房间内部墙面油漆工程量；
6.9216——③～④轴线区间房间内部墙面油漆工程量；
27.6864——④～⑤轴线区间房间内部墙面油漆工程量；
20.4864——⑤～⑥轴线区间房间内部墙面油漆工程量。

⑤ 房间外部油漆工程量

a. Ⓐ轴线上房间外部墙面油漆工程量

Ⓐ轴线上房间外部墙面油漆长度 $L_1=7.78-1.6=6.18\text{m}$

【注释】 7.78——门厅的净宽度；
1.6——大门宽度。

Ⓐ轴线上房间外部墙面油漆工程量

$$S_1=6.18\times1.68-2\times1.5\times1.5-1.6\times(2.3-0.8)=3.4824\text{m}^2$$

【注释】 6.18——Ⓐ轴线上房间外部墙面油漆长度；
1.68——油漆高度；
1.5——窗高度尺寸；
1.5——窗的宽度尺寸；
0.8——墙裙顶到地面的高度；
1.6——大门宽度尺寸；
2.3——大门高度尺寸；
2——Ⓐ轴线上 C1515 窗户的数量。

b. Ⓑ轴线上房间外部墙面油漆工程量

Ⓑ轴线上房间外部墙面油漆长度 $L_2=21.42+0.12+0.24+0.24+0.12=22.14\text{m}$

【注释】 21.42——Ⓑ轴线上室内的墙面油漆长度；
0.12、0.24——隔墙及墙体的厚度。

Ⓑ轴线上房间外部墙面油漆工程量

$$S_2=22.14\times1.68-4\times1.5\times1.5-6\times0.9\times(2.1-0.8)=21.1752\text{m}^2$$

【注释】 22.14——Ⓑ轴线上房间外部墙面油漆长度；
1.68——油漆高度；
1.5——窗高度尺寸；
1.5——窗的宽度尺寸；
0.8——墙裙顶到地面的高度；
0.9——门宽度尺寸；
2.1——门高度尺寸；
4——Ⓑ轴线上 C1515 窗户的数量；
6——Ⓑ轴线上 M0921 门的数量。

c. Ⓒ轴线上房间外部墙面油漆工程量

Ⓒ轴线上房间外部墙面油漆长度

$$L_3=20.44+0.24+0.12+0.24+0.24+0.12=21.4\text{m}$$

【注释】 20.44——Ⓒ轴线上室内的墙面油漆长度；
0.12、0.24——隔墙及墙体的厚度。

Ⓒ轴线上房间外部墙面油漆工程量

S_3＝21.4×1.68 －4×1.5×1.5－6×0.9×(2.1－0.8)＝19.932m²

【注释】 21.4——Ⓒ轴线上房间内部墙面油漆长度；
1.68——油漆高度；
1.5——窗高度尺寸；
1.5——窗的宽度尺寸；
0.8——墙裙的高度；
0.9——门宽度尺寸；
2.1——门高度尺寸；
4——Ⓒ轴线上 C1515 窗户的数量；
6——Ⓒ轴线上 M0921 门的数量。

d. ①～②轴线区间房间外部墙面油漆工程量

①～②轴线区间房间外部墙面油漆长度 L_4＝2.4－0.4＝2m

【注释】 2.4——Ⓑ～Ⓒ轴线之间距离；
0.4——柱的截面宽度尺寸。

①～②轴线区间房间外部墙面油漆工程量 S_4＝2×1.68－1.5×1.5＝1.11m²

【注释】 2——①～②轴线区间房间外部墙面油漆长度；
1.68——油漆高度；
1.5——窗高度尺寸；
1.5——窗的宽度尺寸。

e. ②～③轴线区间房间外部墙面油漆工程量

②～③轴线区间房间外部墙面油漆长度 L_5＝4.2＋0.4－0.24＝4.36m

【注释】 4.2——Ⓐ～Ⓑ轴线之间距离；
0.4——柱的截面宽度尺寸；
0.24——墙体的厚度。

②－③轴线区间房间外部墙面油漆工程量 S_5＝4.36×1.68＝7.3248m²

【注释】 4.36——②～③轴线区间房间外部墙面油漆长度；
1.68——油漆高度。

f. ③～④轴线区间房间外部墙面油漆工程量

③～④轴线区间房间外部墙面油漆长度 L_6＝4.2＋0.4－0.24＝4.36m

【注释】 4.2——Ⓐ～Ⓑ轴线之间距离；
0.4——柱的截面宽度尺寸；
0.24——墙体的厚度。

③～④轴线区间房间外部墙面油漆工程量 S_6＝4.36×1.68＝7.3248m²

【注释】 4.36——③～④轴线区间房间外部墙面油漆长度；
1.68——油漆高度。

g. ⑤～⑥轴线区间房间外部墙面油漆工程量

⑤～⑥轴线区间房间外部墙面油漆长度 L_7＝ 2.4－0.4＝2m

【注释】 2.4——Ⓑ～Ⓒ轴线之间距离；

0.4——柱的截面宽度尺寸。

⑤～⑥轴线区间房间外部墙面油漆工程量 $S_7=2\times1.68-1.5\times1.5=1.11\text{m}^2$

【注释】 2——⑤～⑥轴线区间房间外部墙面油漆长度；

1.68——油漆高度；

1.5——窗高度尺寸；

1.5——窗的宽度尺寸。

h. 墙面油漆总工程量

墙面油漆总工程量 $S=3.4824+21.1752+19.932+1.11+7.3248+7.3248+1.11=61.4592\text{m}^2$

【注释】 3.4824——Ⓐ轴线上房间外部墙面油漆工程量；

21.1752——Ⓑ轴线上房间外部墙面油漆工程量；

19.932——Ⓒ轴线上房间外部墙面油漆工程量；

1.11——①～②轴线区间房间外部墙面油漆工程量；

7.3248——②～③轴线区间房间外部墙面油漆工程量；

7.3248——③～④轴线区间房间外部墙面油漆工程量；

1.11——⑤～⑥轴线区间房间外部墙面油漆工程量。

⑥ 一层墙面油漆总工程量

一层墙面油漆总工程量

$$S=12.6872+10.9536+4.3008+161.7552+61.4592=251.156\text{m}^2$$

【注释】 12.6872——卫生间油漆工程量；

10.9536——盥洗池间油漆工程量；

4.3008——框架柱面多余长度油漆工程量；

161.7552——房间内部墙面油漆工程量；

61.4592——房间外部油漆工程量。

2）二层内墙油漆工程量（图 4-34）

① 卫生间油漆工程量

卫生间室内油漆的长度 $L=(4.2-1.4-0.06-0.04)\times4+(5.24-0.12)\times2=21.04\text{m}$

【注释】 4.2——Ⓒ～Ⓓ轴线之间距离；

1.4——卫生间与盥洗室之间隔墙的轴线到Ⓒ轴线之间距离；

0.06——隔墙厚度的一半；

0.04——墙体内边缘离柱轴线的距离；

5.24——Ⓓ轴线上卫生间的净距离；

0.12——卫生间内隔墙厚度。

卫生间内油漆的工程量 $S=21.04\times0.68-0.9\times2\times(2.1-1.8)-0.9\times0.6\times2=12.6872\text{m}^2$

【注释】 21.04——卫生间室内墙面油漆的长度；

0.06——隔墙厚度的一半；

0.68——墙裙顶到天棚底部的墙体高度；

0.9——门的宽度尺寸；

2.1——门的高度尺寸；

1.8——卫生间内墙裙高度；

0.9——天窗的宽度尺寸；

0.6——天窗的高度尺寸。

② 盥洗池间油漆工程量

盥洗池间油漆长度：$L=5.24-0.9\times2+(1.4-0.06+0.2)\times2=6.52$m

【注释】 5.24——Ⓓ轴线上卫生间的净距离；

0.9——门的宽度尺寸；

0.06——隔墙厚度的一半；

0.2——框架柱宽度尺寸的一半。

盥洗池间油漆工程量 $S=6.52\times1.68=10.9536\text{m}^2$

【注释】 6.52——盥洗池间油漆净长度；

1.68——墙裙顶到天棚底部的墙体高度。

③ 框架柱面多余长度油漆工程量

a. Ⓓ轴线上框架柱面多余长度油漆工程量

Ⓓ轴线上框架柱面多余长度 $L_1=(0.4-0.24)\times2\times2=0.64$m

【注释】 0.4——框架柱宽度尺寸；

0.24——墙体厚度；

2——表示柱的两侧边；

2——表示室内共有 2 个柱。

Ⓓ轴线上框架柱面多余长度范围油漆工程量 $S_1=0.64\times1.68=1.0752\text{m}^2$

【注释】 0.64——Ⓓ轴线上框架柱面多余长度；

1.68——油漆高度。

b. Ⓒ轴线上框架柱面多余长度油漆工程量

Ⓒ轴线上框架柱面多余长度 $L_2=(0.4-0.24)\times2+(0.4-0.24)\times2\times2=0.96$m

【注释】 0.4——框架柱宽度尺寸；

0.24——墙体厚度；

2——表示柱的两侧边。

Ⓒ轴线上框架柱面多余长度油漆工程量 $S_2=0.96\times1.68=1.6128\text{m}^2$

【注释】 0.96——Ⓒ轴线上框架柱面多余长度；

1.68——油漆高度。

c. Ⓑ轴线上框架柱面多余长度油漆工程量

Ⓑ轴线上框架柱面多余长度 $L_3=(0.4-0.24)\times2\times2=0.64$m

【注释】 0.4——框架柱宽度尺寸；

0.24——墙体厚度；

2——表示柱的两侧边。

Ⓑ轴线上框架柱面多余长度油漆工程量 $S_3=0.64\times1.68=1.0752\text{m}^2$

【注释】 0.64——Ⓑ轴线上框架柱面多余长度；

1.68——油漆高度。

d. Ⓐ轴线上框架柱面多余长度油漆工程量

Ⓐ轴线上框架柱面多余长度 $L_4=(0.4-0.24)\times2\times2=0.64$m

【注释】 0.4——框架柱宽度尺寸；

0.24——墙体厚度；

2——表示柱的两侧边；

2——表示Ⓐ轴线上共有2个柱。

Ⓐ轴线上框架柱面多余长度油漆工程量 $S_4=0.64\times1.68=1.0752\text{m}^2$

【注释】 0.64——Ⓐ轴线上框架柱面多余长度；

1.68——油漆高度。

e. 框架柱面多余长度油漆总工程量

框架柱面多余长度油漆总工程量 $S=1.0752+1.6128+1.0752+1.0752=4.8384\text{m}^2$

【注释】 1.0752——Ⓓ轴线上框架柱面多余长度油漆总工程量；

1.6128——Ⓒ轴线上框架柱面多余长度油漆总工程量；

1.0752——Ⓑ轴线上框架柱面多余长度油漆总工程量；

1.0752——Ⓐ轴线上框架柱面多余长度油漆总工程量。

④ 房间内部墙面油漆工程量

a. Ⓐ轴线上房间内部墙面油漆工程量

Ⓐ轴线上房间内部墙面油漆长度 $L_1=5.3+4.32+4.32+5.9+5.9=25.74$m

【注释】 5.3——办公室2的房间净宽度；

4.32——办公室3的房间净宽度；

4.32——办公室4的房间净宽度；

5.9——休息室的房间净宽度；

5.9——接待室的房间净宽度。

Ⓐ轴线上房间内部墙面油漆工程量

$$S_1=25.74\times1.68-6\times2.1\times1.5-2.4\times1.5-1.5\times1.5\times2=16.2432\text{m}^2$$

【注释】 25.74——Ⓐ轴线上房间内部墙面油漆长度；

1.68——油漆高度；

1.5——窗高度尺寸；

1.5、2.4、2.1——分别为不同型号窗的宽度尺寸；

6——Ⓐ轴线上C2115窗户的数量。

b. Ⓑ轴线上房间内部墙面油漆工程量

Ⓑ轴线上房间内部墙面油漆长度 $L_2=5.3+4.32+4.32+5.9+5.9=25.74$m

【注释】 5.3——办公室2的房间净宽度；

4.32——办公室3的房间净宽度；

4.32——办公室4的房间净宽度；

5.9——休息室的房间净宽度；

5.9——接待室的房间净宽度。

Ⓑ轴线上房间内部墙面油漆工程量

$$S_2=21.42\times1.68-5\times1.5\times1.5-7\times0.9\times(2.1-0.8)=16.5456\text{m}^2$$

【注释】 21.42——Ⓑ轴线上房间内部墙面油漆长度；

1.68——油漆高度；
1.5——窗高度尺寸；
1.5——窗的宽度尺寸；
0.8——墙裙的高度；
0.9——门宽度尺寸；
2.1——门高度尺寸；
5——Ⓑ轴线上C1515窗户的数量；
7——Ⓑ轴线上M0921门的数量。

c. Ⓒ轴线上房间内部墙面油漆工程量

Ⓒ轴线上房间内部墙面油漆长度 $L_3=4.32+4.32+5.9+5.9=20.44\text{m}$

【注释】 4.32——总经理办公室的房间净宽度；
4.32——副总经理办公室的房间净宽度；
5.9——会议室的房间净宽度；
5.9——办公室1的房间净宽度。

Ⓒ轴线上房间内部墙面油漆工程量

$S_3=20.44\times1.68-4\times1.5\times1.5-6\times0.9\times(2.1-0.8)=18.3192\text{m}^2$

【注释】 20.44——Ⓒ轴线上房间内部墙面油漆长度；
1.68——油漆高度；
1.5——窗高度尺寸；
1.5——窗的宽度尺寸；
0.8——墙裙的高度；
0.9——门宽度尺寸；
2.1——门高度尺寸；
4——Ⓒ轴线上C1515窗户的数量；
6——Ⓒ轴线上M0921门的数量。

d. Ⓓ轴线上房间内部墙面油漆工程量

Ⓓ轴线上房间内部墙面油漆长度 $L_4=4.32+4.32+5.9+5.9=20.44\text{m}$

【注释】 4.32——总经理办公室的房间净宽度；
4.32——副总经理办公室的房间净宽度；
5.9——会议室的房间净宽度；
5.9——办公室1的房间净宽度。

Ⓓ轴线上房间内部墙面油漆工程量

$S_4=20.44\times1.68-2\times1.5\times1.5-4\times1.5\times2.1-1.5\times2.4=13.6392\text{m}^2$

【注释】 21.42——Ⓓ轴线上房间内部墙面油漆长度；
1.68——油漆高度；
1.5——窗高度尺寸；
2.1、2.4、1.5——分别为三种型号窗的宽度尺寸；
2——Ⓓ轴线上C1515窗户的数量；
4——Ⓓ轴线上C2115窗户的数量。

e. ①～②轴线区间房间内部墙面油漆工程量

①～②轴线区间房间内部墙面油漆长度 L_5 =4.12+4.12+4.12×2=16.48m

【注释】 4.12——各房间内墙体间净距离。

①～②轴线区间房间内部墙面油漆工程量 S_5 =16.48×1.68−2.4×1.5=24.0864m²

【注释】 16.48——①～②轴线区间房间内部墙面油漆长度；
1.68——油漆高度；
1.5——窗高度尺寸；
2.4——窗的宽度尺寸。

f. ②～③轴线区间房间内部墙面油漆工程量

②～③轴线区间房间内部墙面油漆长度 L_6 =4.12×2+4.12×2=16.48m

【注释】 4.12——各房间内墙体间净距离。

②～③轴线区间房间内部墙面油漆工程量 S_6 =16.48×1.68=27.6864m²

【注释】 16.48——②～③轴线区间房间内部墙面油漆长度；
1.68——油漆高度。

g. ③～④轴线区间房间内部墙面油漆工程量

③～④轴线区间房间内部墙面油漆长度 L_7 =4.12×2=8.24m

【注释】 4.12——各房间内墙体间净距离。

③～④轴线区间房间内部墙面油漆工程量 S_7 =8.24×1.68=13.8432m²

【注释】 8.24——③～④轴线区间房间内部墙面油漆长度；
1.68——油漆高度。

h. ④～⑤轴线区间房间内部墙面油漆工程量

④～⑤轴线区间房间内部墙面油漆长度 L_8 = 4.12×2+4.12×2=16.48m

【注释】 4.12——各房间内墙体间净距离。

④～⑤轴线区间房间内部墙面油漆工程量 S_8 =16.48×1.68=27.6864m²

【注释】 16.48——①～②轴线区间房间内部墙面油漆长度；
1.68——油漆高度。

i. ⑤～⑥轴线区间房间内部墙面油漆工程量

⑤～⑥轴线区间房间内部墙面油漆长度 L_9 = 4.12×2+4.12×2=16.48m

【注释】 4.12——各房间内墙体间净距离。

⑤～⑥轴线区间房间内部墙面油漆工程量

S_9 =16.48×1.68−2.4×1.5×2=20.4864m²

【注释】 16.48——①～②轴线区间房间内部墙面油漆长度；
1.68——油漆高度；
1.5——窗高度尺寸；
2.4——窗的宽度尺寸。

j. 房间内部墙面油漆工程量

S =16.2432+16.5456+18.3192+13.6392+24.0864+27.6864+13.8432+27.6864
+20.4864
=178.536m²

【注释】 16.2432——Ⓐ轴线上房间内部墙面油漆工程量；
16.5456——Ⓑ轴线上房间内部墙面油漆工程量；
18.3192——Ⓒ轴线上房间内部墙面油漆工程量；
13.6392——Ⓓ轴线上房间内部墙面油漆工程量；
24.0864——①～②轴线区间房间内部墙面油漆工程量；
27.6864——②～③轴线区间房间内部墙面油漆工程量；
13.8432——③～④轴线区间房间内部墙面油漆工程量；
27.6864——④～⑤轴线区间房间内部墙面油漆工程量；
20.4864——⑤～⑥轴线区间房间内部墙面油漆工程量。

⑤ 房间外部油漆工程量

a. Ⓐ轴线上房间外部墙面油漆工程量

Ⓐ轴线上房间外部墙面油漆长度 $L_1=3.28\text{m}$

【注释】 25.74——Ⓑ轴线上室内的墙面油漆长度；
0.12、0.24——隔墙及墙体的厚度。

Ⓐ轴线上房间外部墙面油漆工程量 $S_1=3.28\times1.68=5.5104\text{m}^2$

【注释】 3.28——Ⓐ轴线上房间外部墙面油漆长度；
1.68——油漆高度。

b. Ⓑ轴线上房间外部墙面油漆工程量

Ⓑ轴线上房间外部墙面油漆长度

$L_2=25.74+0.12+0.12+0.24+0.24+0.12=26.58\text{m}$

【注释】 25.74——Ⓑ轴线上室内的墙面油漆长度；
0.12、0.24——隔墙及墙体的厚度。

Ⓑ轴线上房间外部墙面油漆工程量

$S_2=26.58\times1.68-5\times1.5\times1.5-7\times0.9\times(2.1-0.8)=25.2144\text{m}^2$

【注释】 26.58——Ⓑ轴线上房间外部墙面油漆长度；
1.68——油漆高度；
1.5——窗高度尺寸；
1.5——窗的宽度尺寸；
0.8——墙裙的高度；
0.9——门宽度尺寸；
2.1——门高度尺寸；
5——Ⓑ轴线上 C1515 窗户的数量；
7——Ⓑ轴线上 M0921 门的数量。

c. Ⓒ轴线上房间外部墙面油漆工程量

Ⓒ轴线上房间外部墙面油漆长度

$L_3=20.44+0.24+0.12+0.24+0.24+0.12=21.4\text{m}$

【注释】 20.44——Ⓒ轴线上室内的墙面油漆长度；
0.12、0.24——隔墙及墙体的厚度。

Ⓒ轴线上房间外部墙面油漆工程量

S_3=21.4×1.68−4×1.5×1.5−6×0.9×(2.1−0.8)=19.932m^2

【注释】 21.4——Ⓒ轴线上房间内部墙面油漆长度；
1.68——油漆高度；
1.5——窗高度尺寸；
1.5——窗的宽度尺寸；
0.8——墙裙的高度；
0.9——门宽度尺寸；
2.1——门高度尺寸；
4——Ⓒ轴线上 C1515 窗户的数量；
6——Ⓒ轴线上 M0921 门的数量。

d. ①～②轴线区间房间外部墙面油漆工程量

①～②轴线区间房间外部墙面油漆长度 L_4=2.4−0.4=2m

【注释】 2.4——Ⓑ～Ⓒ轴线之间距离；
0.4——柱的截面宽度尺寸。

①～②轴线区间房间外部墙面油漆工程量 S_4=2×1.68−1.5×1.5=1.11m^2

【注释】 2——①～②轴线区间房间外部墙面油漆长度；
1.68——油漆高度；
1.5——窗高度尺寸；
1.5——窗的宽度尺寸。

e. ③～④轴线区间房间外部墙面油漆工程量

③～④轴线区间房间外部墙面油漆长度 L_5=(4.2+0.4−0.24)×2=8.72m

【注释】 4.2——Ⓐ～Ⓑ轴线之间距离；
0.4——柱的截面宽度尺寸；
0.24——墙体的厚度。

③～④轴线区间房间外部墙面油漆工程量 S_5=8.72×1.68=14.6496m^2

【注释】 8.72——③～④轴线区间房间外部墙面油漆长度；
1.68——油漆高度。

f. ⑤～⑥轴线区间房间外部墙面油漆工程量

⑤～⑥轴线区间房间外部墙面油漆长度 L_6= 2.4−0.4=2m

【注释】 2.4——Ⓑ～Ⓒ轴线之间距离；
0.4——柱的截面宽度尺寸。

⑤～⑥轴线区间房间外部墙面油漆工程量 S_6=2×1.68−1.5×1.5=1.11m^2

【注释】 2——⑤～⑥轴线区间房间外部墙面油漆长度；
1.68——油漆高度；
1.5——窗高度尺寸；
1.5——窗的宽度尺寸。

g. 房间外部外墙面油漆总工程量

房间外部墙面油漆总工程量

S=5.5104+25.2144+19.932+1.11+14.6496+1.11=67.5264m^2

【注释】 5.5104——Ⓐ轴线上房间外部墙面油漆工程量；
25.2144——Ⓑ轴线上房间外部墙面油漆工程量；
19.932——Ⓒ轴线上房间外部墙面油漆工程量；
1.11——①～②轴线区间房间外部墙面油漆工程量；
14.6496——③～④轴线区间房间外部墙面油漆工程量；
1.11——⑤～⑥轴线区间房间外部墙面油漆工程量。

⑥ 二层墙面油漆总工程量

二层墙面油漆总工程量=12.6872+10.9536+4.8384+178.536+67.5264=274.5416m^2

【注释】 12.6872——卫生间油漆工程量；
10.9536——盥洗池间油漆工程量；
4.8384——框架柱面多余长度范围油漆工程量；
178.536——房间内部墙面油漆工程量；
67.5264——房间外部油漆工程量。

3）三层内墙油漆工程量（图 4-35）

三层内墙油漆工程量同二层内墙油漆工程量。

三层墙面油漆总工程量=274.5416m^2

4）楼梯间墙面油漆工程量

墙裙与踢脚线长度 L=(4.2+0.4−0.24)×4+3.28×3+(1.2+0.26×9)×2=34.36m

【注释】 4.2——Ⓒ～Ⓓ轴线之间距离；
0.4——框架柱的宽度尺寸；
0.24——墙体的厚度；
0.2——框架柱的宽度尺寸的一半；
3.28——楼梯间净宽度；
0.26——踏面宽度；
9——踏面数；
1.2——休息平台宽度。

墙裙及踢脚线总面积 S_1=34.36×(0.68+0.12)=27.488m^2

墙面油漆工程量 S=[(4.2+0.4−0.24)×2+3.28]×(9−0.12)−27.488−2×1.5×1.5
=74.572m^2

【注释】 4.2——Ⓒ～Ⓓ轴线之间距离；
0.4——框架柱的宽度尺寸；
0.24——墙体的厚度；
0.2——框架柱的宽度尺寸的一半；
3.28——楼梯净宽度；
9——每层 3m，共 3 层 9m；
0.12——顶层屋面板的厚度；
27.488——墙裙和踢脚线面积；
2——楼梯间窗户个数；
1.5×1.5——楼梯间单扇窗户面积。

5）内墙油漆总工程量

内墙面油漆总工程量 S=251.156+274.5416+274.5416+74.572=874.8112m^2

【注释】 251.156——一层墙面油漆总工程量；

274.5416——二层墙面油漆总工程量；

274.5416——三层墙面油漆总工程量；

74.572——楼梯间墙面油漆工程量。

清单工程量计算见表5-45。

清单工程量计算表　　表5-45

序号	项目编号	项目名称	项目特征描述	计量单位	工程量
D　砌筑工程					
D.1　砖散水、地坪、地沟					
1	010401013001	砖散水	240mm厚砖平铺散水	m^2	43.44
L　楼地面工程					
L.2　块料面层					
2	011102001001	石材地面	水泥砂浆上镶贴600×600芝麻白花岗石	m^2	270.7704
3	011102003001	块料地面	水泥砂浆上镶贴300×300防滑瓷砖	m^2	63.1848
4	011102003002	块料地面	水泥砂浆上镶贴600×600玻化砖	m^2	561.1944
L.5　踢脚线					
5	011105002001	石材踢脚线	水泥砂浆上镶贴大理石，高0.12m	m^2	81.873
L.6　楼梯装饰					
6	011106001001	石材楼梯面层	20mm厚水泥砂浆找平层镶贴中国黑大理石	m^2	34.6368
Q.3　扶手、栏杆、栏板装饰					
7	011503001001	金属栏杆扶手	铝合金扶手带栏杆	m	5.11
L.7　台阶装饰					
8	011107001001	石材台阶面层	20mm厚水泥砂浆上镶贴中国黑大理石	m^2	1.968
L.8　零星装饰项目					
9	011108004001	水泥砂浆零星项目	防滑坡道，水泥砂浆20mm	m^2	13
10	011108001001	石材零星项目	干粉型粘结剂粘贴中国黑大理石台阶侧面	m^2	0.117
M　墙、柱面工程					
M.1　墙面抹灰					
11	011201001001	墙面一般抹灰	水泥石灰砂浆底15mm＋1：2水泥砂浆5mm	m^2	2212.9384
12	011202001001	柱面一般抹灰	独立柱，水泥石灰砂浆底15mm＋1：2水泥砂浆5mm	m^2	3.968
M.4　墙面镶贴块料					
13	011204003001	块料墙面	墙裙，水泥膏镶贴400×400陶瓷面砖，高0.68m	m^2	554.0484

续表

序号	项目编号	项目名称	项目特征描述	计量单位	工程量
			M. 4 柱面抹灰		
14	011204003002	块料墙面	卫生间墙裙，白水泥膏镶贴玻璃孔雀鱼马赛克，高 1.8m	m^2	102.168
			M. 5 柱面镶贴块料		
15	011205002001	块料柱面	独立柱，1∶2 水泥砂浆上镶贴 400×400 陶瓷面砖，高 2.48m	m^2	4.216
			N 顶棚工程		
			N. 2 顶棚吊顶		
16	011302001001	吊顶顶棚	铝塑板吊顶，贴于龙骨底部	m^2	61.908
17	011302001002	吊顶顶棚	纸面石膏板吊顶，安在 U 形轻钢龙骨上	m^2	794.8688
			H 门窗工程		
			H. 2 金属门		
18	010802001001	塑钢门	塑钢门安装 1.6×2.3	$100m^2$	3.68
19	010802001002	塑钢门	塑钢门安装 0.9×2.1	$100m^2$	71.82
20	010802001003	金属门	铝合金门安装 0.9×2.1	$100m^2$	11.34
			H. 7 金属窗		
21	010807001001	金属窗	铝合金窗安装 1.5×1.5	$100m^2$	110.25
22	010807001002	金属窗	铝合金窗安装 1.5×2.1	$100m^2$	94.5
23	010807001003	金属窗	铝合金窗安装 1.5×2.4	$100m^2$	54
24	010807001004	金属窗	铝合金窗安装 0.9×0.6	$100m^2$	3.24
			P 油漆、涂料、裱糊工程		
			P. 6 抹灰面油漆		
25	011406001001	抹灰面油漆	墙裙上部至天棚底部间墙体粉刷油漆	m^2	874.8112

2. 定额工程量

(1) 计算依据

计算依据：本工程的清单工程量计算严格按照《广东省装饰装修工程综合定额》、《广东省建筑工程综合定额》等规范文件进行编制。

(2) 楼地面工程

1) 找平层

与楼地面块料面层的工程量计算规则相同，并且楼地面块料面层的工程量计算定额同清单。

故楼地面找平层总面积：$S=63.1848+270.7704+561.1944=895.1496m^2$

【注释】 63.31848——300×300 防滑面砖下找平层面积；

270.7704——芝麻白花岗石下找平层面积；

561.1944——玻化砖下找平层面积。

楼梯找平层总面积：$S=34.6368m^2$

【注释】 34.6368——楼梯间梯段中国黑大理石下找平层面积。

台阶找平层总面积：S=1.968m²

【注释】 1.968——室外台阶处中国黑大理石下找平层面积。

2）块料面层

同清单工程量。

300×300 防滑面砖工程量 $S=63.1848\text{m}^2$

芝麻白花岗石工程量 $S=270.7704\text{m}^2$

玻化砖工程量 $S=561.1944\text{m}^2$

3）踢脚线

同清单工程量。

踢脚线总工程量 $S=81.873\text{m}^2$

4）楼梯面层

同清单工程量。

楼梯间梯段中国黑大理石工程量 $S=34.6368\text{m}^2$

楼梯间梯段上防滑条工程量 $L=154.8\text{m}$

5）台阶面层

室外台阶处中国黑大理石工程量 $S=1.968\text{m}^2$

室外台阶侧面中国黑大理石工程量 $S=0.117\text{m}^2$

防滑条工程量 $L=8.4\text{m}$

6）散水

定额同清单。

散水工程量 $S=43.44\text{m}^2$

7）防滑坡道

定额同清单。

防滑坡道工程量$=13\text{m}^2$

（3）墙柱面工程

1）墙、柱面一般抹灰

定额同清单。

外墙一般抹灰工程量 $S=680.98\text{m}^2$

内墙一般抹灰总工程量 $S=1531.9584\text{m}^2$

独立柱柱面一般抹灰工程量 $S=3.968\text{m}^2$

2）墙柱面块料面层装饰

① 内墙裙（镶贴块料面砖）

注：墙裙长度同踢脚线长度，卫生间墙裙采用孔雀鱼马赛克，其余墙裙采用镶贴陶瓷面砖，厚度均为 5mm。

孔雀鱼马赛克总长度 $L=19.24\times3+3\times0.12=58.08\text{m}^2$

【注释】 19.24——单层卫生间墙裙抹灰长度范围；

0.12——卫生间与盥洗池间隔墙的厚度（门洞侧面墙裙长度）。

孔雀鱼马赛克总工程量 $S=58.08\times1.8=104.544\text{m}^2$

陶瓷面砖总工程量 $S=81.873/0.12\times0.68=463.947\text{m}^2$

【注释】 82.392——踢脚线总工程量；

0.12——踢脚线高度；

0.68——墙裙高度。

② 独立柱镶贴瓷砖

独立柱镶贴陶瓷面砖工程量 $S=(0.4+0.4)\times2\times(3-0.12-0.4)$

$=1.6\times2.48=3.968\text{m}^2$

【注释】 0.4——独立柱的截面宽度尺寸；

1.6——独立柱周长；

3——1层层高；

0.12——楼板层厚度；

0.4——天棚高度。

③ 外墙镶贴块料面砖

a. 红色饰面砖工程量：$S=6\times0.4\times(9+1.2)\times2+4\times0.4\times(9+1.2)\times2=81.6\text{m}^2$

【注释】 0.4——框架柱的宽度尺寸；

9——屋顶标高；

1.2——女儿墙高度。

b. 新疆红花岗石工程量定额同清单工程量 $S=564.37\text{m}^2$

c. 中国黑大理石工程量：

$S=(30+0.4+10.8+0.4)\times2\times0.45-0.45\times2.4-0.45\times12\times0.45$

$=37.44-1.08-2.43=33.93\text{m}^2$

【注释】 3030——①－⑥轴线间距离；

10.8——Ⓐ到Ⓓ轴线间距离；

0.4——框架柱宽度尺寸；

0.45——室内外高差；

2.4——室外台阶宽度；

0.45×12×0.45——无障碍坡道占取的面积；

12——1∶12为无障碍坡道的坡度。

(4) 顶棚工程

1) 吊顶龙骨（轻钢龙骨）

定额同清单。

轻钢龙骨总工程量 $S=856.7768\text{m}^2$

2) 顶棚装饰

① 铝塑板工程量

定额同清单。

铝塑板工程量 $S=61.908\text{m}^2$

② 纸面石膏板工程量

定额同清单。

纸面石膏板总工程量 $S=794.8688\text{m}^2$

(5) 门窗工程

定额同清单。

铝合金窗工程量：$S=0.54\times6+2.25\times49+3.15\times30+15\times3.6=261.99m^2$

塑钢门工程量：$S=38\times1.89+1\times3.68+6\times1.89=86.84m^2$

(6) 墙柱面油漆

定额同清单。

内墙面油漆总工程量 $S=874.8112m^2$

某办公楼施工图预算见表5-46。

某办公楼施工图预算表 **表5-46**

序号	定额编号	分项工程名称	计量单位	工程量	基价(元)	其中(元)			合计(元)
						人工费	材料费	机械费	
1	A3—117	砖散水	100m²	43.44	1702.23	481.2	1137.55	15.17	739.44871
2	B1—1	芝麻白花岗石地面下找平层	100m²	270.7704	592.51	183.4	359.55	17.22	1604.3417
3	B1—1	陶瓷块料地面下找平层	100m²	63.1848	592.51	183.4	359.55	17.22	374.3763
4	B1—1	玻璃地砖下找平层	100m²	561.1944	592.51	183.4	359.55	17.22	3325.1329
5	B1—4	楼梯找平层	100m²	34.6368	1340.96	708.4	491.28	23.32	464.4656
6	B1—5	台阶找平层	100m²	1.968	1144.33	501.76	532.26	25.33	22.520414
7	B1—9	防滑坡道	100m²	13	1004.34	338.8	585.61	21.8	130.5642
8	B1—29	楼梯(大理石)	100m²	34.6368	19084.61	1557.08	17249.44	23.32	6610.2982
9	B1—30	台阶	100m²	1.968	20162.99	1232.84	18701.99	25.33	396.80764
10	B1—42	台阶侧面	100m²	0.117	14815.97	1482.32	13094.69		17.334685
11	B1—46	芝麻白花岗石地面	100m²	270.7704	21966.97	609	21239.8	17.22	59480.053
12	B1—52	花岗石踢脚线	100m²	81.873	22332.34	1120.28	21018.62	11.07	18284.1567
13	B1—77	陶瓷块料地面	100m²	63.1848	6811.31	729.96	5953.68	8.61	4303.7126
14	B1—98	玻璃地砖	100m²	561.1944	18903.48	740.88	18043.16		106085.271
15	B1—194	楼梯防滑条1—1	100m	154.8	2902.81	161.84	2714.88		4493.5499
16	B1—194	台阶防滑条2—2	100m	8.4	2902.81	161.84	2714.88		243.836
17	B2—7	墙面抹灰1—1	100m²	1551.6408	830.32	425.04	314.38	19.28	12883.5839
18	B2—7	卫生间墙裙抹灰2—2	100m²	103.896	830.32	425.04	314.38	19.28	862.66927
19	B2—7	其余墙裙抹灰3—3	100m²	557.4016	830.32	425.04	314.38	19.28	3846.0024
20	B2—12	独立柱面抹灰	100m²	3.968	1025.37	588.28	319.31	19.76	40.686682
21	B2—126	独立柱面陶瓷面砖	100m²	3.968	8160.91	1187.2	6776.99	4.59	323.82491
22	B2—147	墙裙陶瓷面砖	100m²	463.947	3900.13	1428.84	2240.47	0.42	18094.5361
23	B2—171	孔雀鱼马赛克	100m²	104.544	3343.78	1260	1880.09	0.49	3495.7214
24	B3—34	铝塑板上轻钢龙骨1—1	100m²	61.908	1906.22	478.8	1347.87	12.27	1180.1027
25	B3—34	纸面石膏板上轻钢龙骨2—2	100m²	794.8688	1906.22	478.8	1347.87	12.27	15151.948
26	B3—100	铝塑板	100m²	61.908	14932.62	378	14502.83		9244.4864
27	B3—105	纸面石膏板	100m²	794.8688	4262.92	302.4	3919.09		33884.621

续表

序号	定额编号	分项工程名称	计量单位	工程量	基价（元）	其中(元)			合计（元）
						人工费	材料费	机械费	
28	B4－210	塑钢门安装 1—1	100m²	3.68	1913.58	1146.6	614.16		70.419744
29	B4－210	塑钢门安装 2—2	100m²	71.82	1913.58	1146.6	614.16		1374.3332
30	B4－261	铝合金门安装	100m²	11.34	4881.1	764.4	4014.82		553.51674
31	B4－263	铝合金窗安装 1—1	100m²	110.25	4727.19	661.64	3977.37		5211.727
32	B4－263	铝合金窗安装 2—2	100m²	94.5	4727.19	661.64	3977.37		4467.1946
33	B4－263	铝合金窗安装 3—3	100m²	54	4727.19	661.64	3977.37		2552.6826
34	B4－263	铝合金窗安装 4—4	100m²	3.24	4727.19	661.64	3977.37		153.16096
35	B6－99	栏杆扶手	100m	14.4116	474.24	115.36	342.23		68.345572
36	B8－131	油漆	100m²	878.1214	397.06	142.8	234.69		3486.669
合计									323522.21

分部分项工程量清单与计价表 **表 5-47**

工程名称：某办公楼工程 标段： 第 页 共 页

序号	项目编码	项目名称	项目特征描述	计量单位	工程量	金额(元)		
						综合单价	合价	其中:暂估价
D 砌筑工程								
D.1 砖散水、地坪、地沟								
1	010401013001	砖散水	240mm 厚砖平铺散水	m²	43.44	17.9847	781.25537	
L 楼地面工程								
L.2 块料面层								
2	011102001001	石材地面	水泥砂浆上镶贴 600×600 芝麻白花岗石	m²	270.7704	227.1796	61513.511	
3	011102003001	块料地面	水泥砂浆上镶贴 300×300 防滑瓷砖	m²	63.1848	75.86492	4793.5098	
4	011102003002	块料地面	水泥砂浆上镶贴 600×600 玻化砖	m²	561.1944	196.80846	110447.81	
L.5 踢脚线								
5	011105002001	石材踢脚线	水泥砂浆上镶贴大理石，高 0.12m	m²	81.873	225.56396	18467.598	
L.6 楼梯装饰								
6	011106001001	石材楼梯面层	20mm 厚水泥砂浆找平层镶贴中国黑大理石	m²	34.6368	238.13844	8248.35	
Q.3 扶手、栏杆、栏板装饰								
7	011503001001	金属栏杆扶手	铝合金扶手带栏杆	m	5.11	4.97312	25.41	

续表

序号	项目编码	项目名称	项目特征描述	计量单位	工程量	金额(元)		
						综合单价	合价	其中:暂估价
L.7　台阶装饰								
8	011107001001	石材台阶面	20mm厚水泥砂浆上镶贴中国黑大理石	m²	1.968	245.89418	483.91975	
L.8　零星装饰项目								
9	011108004001	水泥砂浆零星项	防滑坡道,水泥砂浆20mm	m²	13	10.721	139.373	
10	011108001001	石材零星项目	干粉型粘结剂粘贴中国黑大理石台阶侧面	m²	0.117	151.12434	17.681548	
M　墙、柱面工程								
M.1　墙面抹灰								
11	011201001001	墙面一般抹灰	水泥石灰砂浆底15mm+1∶2水泥砂浆5mm	m²	2212.9384	9.15328	20255.64	
M.2　柱面抹灰								
12	011202001001	柱面一般抹灰	独立柱,水泥石灰砂浆底15mm+1∶2水泥砂浆5mm	m²	3.968	11.43026	45.355272	
M.4　墙面镶贴块料								
13	011204003001	块料墙面	墙裙,水泥膏镶贴400×400陶瓷面砖,高0.68m	m²	554.0484	52.14	28888.08	
14	011204003002	块料墙面	卫生间墙裙,白水泥膏镶贴玻璃孔雀鱼马赛克,高1.8m	m²	102.168	45.84145	4683.529	
M.5　柱面镶贴块料								
15	011205002001	块料柱面	独立柱,1∶2水泥砂浆上镶贴400×400陶瓷面砖,高2.48m	m²	4.216	79.29598	334.3119	
N　天棚工程								
N.2　天棚吊顶								
16	011302001001	吊顶天棚	铝塑板吊顶,贴于龙骨底部	m²	61.908	170.102	10530.67	
17	011302001002	吊顶天棚	纸面石膏板吊顶,安在U形轻钢龙骨上	m²	794.8688	63.5086	50481	

续表

序号	项目编码	项目名称	项目特征描述	计量单位	工程量	金额(元)		
						综合单价	合价	其中:暂估价
			H　门窗工程					
			H.2　金属门					
18	010802001001	塑钢门	塑钢门安装1.6×2.3	m²	3.68	21.429	78.85872	
19	010802001002	塑钢门	塑钢门安装0.9×2.1	m²	71.82	21.429	1539.031	
20	010802001003	金属门	铝合金门安装0.9×2.1	m²	11.34	50.3398	570.8533	
			H.7　金属窗					
21	010807001001	金属窗	铝合金窗安装1.5×1.5	m²	110.25	48.59518	5357.619	
22	010807001002	金属窗	铝合金窗安装1.5×2.1	m²	94.5	48.59518	4592.245	
23	010807001003	金属窗	铝合金窗安装1.5×2.4	m²	54	48.59518	2624.14	
24	010807001004	金属窗	铝合金窗安装0.9×0.6	m²	3.24	48.59518	157.4484	
			P　油漆、涂料、裱糊工程					
			P.6　抹灰面油漆					
25	011406001001	抹灰面油漆	墙裙上部至天棚底部间墙体粉刷油漆	m²	874.8112	4.2562	3723.37	
			合　价				338780.57	—

5.7　某办公楼精装工程综合单价分析

参见表5-48～表5-72。

工程量清单综合单价分析表　　**表5-48**

工程名称:某办公楼工程　　标段:　　第1页　共25页

项目编码	010401013001	项目名称	砖散水		计量单位	m²	工程量	43.44		
定额编号	定额名称	定额单位	数量	单价				合价		
				人工费	材料费	机械费	管理费和利润	人工费	材料费	机械费	管理费和利润
A3－117	砖散水	100m²	0.01	481.2	1137.55	15.17	164.55	4.812	11.3755	0.1517	1.6455
人工单价		小　计						4.812	11.3755	0.1517	1.6455
28元/工日		未计价材料费						—			
清单项目综合单价								17.9847			

续表

	主要材料名称、规格、型号	单位	数量	单价（元）	合价（元）	暂估单价（元）	暂估合价（元）
材料费明细	水泥砂浆 1∶2	m^3	0.0202	199.18	4.023436		
	水泥砂浆 1∶3	m^3	0.0033	162.44	0.536052		
	标准砖 240×115×53	千块	0.0344	193.95	6.67188		
	水	m^3	0.0002	1.54	0.000308		
	其他材料费			—	0.1438	—	
	材料费小计			—	11.375476	—	

工程量清单综合单价分析表　　**表 5-49**

工程名称：某办公楼工程　　标段：　　第2页　共25页

项目编码	011102001001	项目名称	芝麻白花岗石地面	计量单位	m^2	工程量	270.77

清单综合单价组成明细											
定额编号	定额名称	定额单位	数量	单价				合价			
				人工费	材料费	机械费	管理费和利润	人工费	材料费	机械费	管理费和利润
B1—46	芝麻白花岗石地面	$100m^2$	0.01	609	21239.8	17.22	222.75	6.09	212.398	0.1722	2.2275
B1—1	芝麻白花岗石地面下找平层	$100m^2$	0.01	183.4	359.55	17.22	69.02	1.834	3.5955	0.1722	0.6902
人工单价		小　计						7.924	215.9935	0.3444	2.9177
28元/工日		未计价材料费						—			
清单项目综合单价								227.1796			

	主要材料名称、规格、型号	单位	数量	单价（元）	合价（元）	暂估单价（元）	暂估合价（元）
材料费明细	水泥砂浆 1∶2.5	m^3	0.0202	179.57	3.627314		
	水泥 P.O　32.5(R)	t	0.0012	291.99	0.350388		
	白水泥 P.O　32.5(R)	t	0.0001	559.03	0.055903		
	花岗石石块	m^3	1.015	203.91	206.9687		
	硬白蜡	kg	0.0265	3.22	0.08533		
	草酸	kg	0.0099	4.96	0.049104		
	麻袋	条	0.22	4.96	1.0912		
	白棉纱	kg	0.015	11.7	0.1755		
	水	m^3	0.04	1.54	0.0616		
	水泥砂浆 1∶3	m^3	0.0202	162.44	3.281288		
	其他材料费			—	0.2472	—	
	材料费小计			—	215.9935	—	

工程量清单综合单价分析表

表 5-50

工程名称：某办公楼工程　　　　标段：　　　　第 3 页　共 25 页

011102003001		项目名称		陶瓷块料地面			计量单位		m^2	工程量	63.18
定额编号	定额名称	定额单位	数量	单价				合价			
				人工费	材料费	机械费	管理费和利润	人工费	材料费	机械费	管理费和利润
B1—77	陶瓷块料地面	100m^2	0.01	729.96	5953.68	8.61	265.052	7.2996	59.5368	0.0861	2.65052
B1—1	陶瓷块料地面下找平层	100m^2	0.01	183.4	359.55	17.22	69.02	1.834	3.5955	0.1722	0.6902
人工单价		小计						9.1336	63.1323	0.2583	3.34072
28 元/工日		未计价材料费						—			
清单项目综合单价								75.86492			

材料费明细	主要材料名称、规格、型号	单位	数量	单价（元）	合价（元）	暂估单价（元）	暂估合价（元）
	水泥砂浆 1∶2	m^3	0.0101	199.18	2.011718		
	水泥 P.O　32.5(R)	t	0.0012	291.99	0.350388		
	白水泥 P.O 32.5(R)	t	0.0001	559.03	0.055903		
	抛光砖 300×300	m^3	1.025	55.62	57.0105		
	白棉纱	kg	0.015	11.7	0.1755		
	水	m^3	0.04	1.54	0.0616		
	水泥砂浆 1∶3	m^3	0.0202	162.44	3.281288		
	其他材料费			—	0.1854	—	
	材料费小计			—	63.1323	—	

工程量清单综合单价分析表

表 5-51

工程名称：某办公楼工程　　　　标段：　　　　第 4 页　共 25 页

项目编码	011102003002	项目名称		玻璃地砖			计量单位		m^2	工程量	561.19
定额编号	定额名称	定额单位	数量	单价				合价			
				人工费	材料费	机械费	管理费和利润	人工费	材料费	机械费	管理费和利润
B1—98	玻璃地砖	100m^2	0.01	740.88	18043.2	—	267.616	7.4088	180.4316	—	2.67616
B1—1	玻璃地砖下找平层	100m^2	0.01	183.4	359.55	17.22	69.02	1.834	3.5955	0.1722	0.6902
人工单价		小计						9.2428	184.0271	0.1722	3.36636
28 元/工日		未计价材料费						—			
清单项目综合单价								196.80846			

材料费明细	主要材料名称、规格、型号	单位	数量	单价（元）	合价（元）	暂估单价（元）	暂估合价（元）
	镭射玻璃 600×600×8	m^3	1.02	168.97	172.3494		
	玻璃胶 335 克/支	L	0.21	38.38	8.0598		
	水泥砂浆 1∶3	m^3	0.0202	162.44	3.281288		
	水泥 P.O　32.5(R)	t	0.0006	291.99	0.175194		
	水	m^3	0.01	1.54	0.0154		
	其他材料费			—	0.146	—	
	材料费小计			—	184.0271	—	

工程量清单综合单价分析表 **表5-52**

工程名称：某办公楼工程 标段： 第5页 共25页

项目编码	011105002001	项目名称	花岗石踢脚线		计量单位	m²		工程量		81.87
定额编号	定额名称	定额单位	数量	单价				合价		
				人工费	材料费	机械费	管理费和利润	人工费	材料费	机械费	管理费和利润
B1—52	花岗石踢脚线	100m²	0.01	1120.28	21018.6	11.07	406.426	11.2028	210.1862	0.1107	4.06426
人工单价		小计						11.2028	210.1862	0.1107	4.06426
28元/工日		未计价材料费						—			
清单项目综合单价								225.56396			
材料费明细	主要材料名称、规格、型号				单位	数量		单价（元）	合价（元）	暂估单价（元）	暂估合价（元）
	水泥砂浆1∶2				m³	0.0121		199.18	2.410078		
	水泥P.O 32.5(R)				t	0.0006		291.99	0.175194		
	白水泥P.O 32.5(R)				t	0.00027		559.03	0.150938		
	花岗石石块				m³	1.015		203.91	206.9687		
	硬白蜡				kg	0.0265		3.22	0.08533		
	草酸				kg	0.01		4.96	0.0496		
	白棉纱				kg	0.015		11.7	0.1755		
	水				m³	0.0307		1.54	0.047278		
	其他材料费							—	0.1236	—	
	材料费小计							—	210.1862	—	

工程量清单综合单价分析表 **表5-53**

工程名称：某办公楼工程 标段： 第6页 共25页

项目编码	011106001001	项目名称	楼梯(大理石)		计量单位	m²		工程量		34.64
定额编号	定额名称	定额单位	数量	单价				合价		
				人工费	材料费	机械费	管理费和利润	人工费	材料费	机械费	管理费和利润
B1—29	楼梯(大理石)	100m²	0.01	1557.1	17249.4	23.32	566.186	15.5708	172.4944	0.2332	5.66186
B1—4	楼梯找平层	100m²	0.01	708.4	491.28	23.32	259.64	7.084	4.9128	0.2332	2.5964
B1—194	楼梯防滑条1—1	100m²	0.01	161.84	2714.88		58.458	1.6184	27.1488	0	0.58458
人工单价		小计						24.2732	204.556	0.4664	8.84284
28元/工日		未计价材料费						—			
清单项目综合单价								238.13844			
材料费明细	主要材料名称、规格、型号				单位	数量		单价（元）	合价（元）	暂估单价（元）	暂估合价（元）
	水泥砂浆1∶2.5				m³	0.0276		179.57	4.956132		
	水泥P.O 32.5(R)				t	0.00164		291.99	0.478864		
	白水泥P.O 32.5(R)				t	0.00014		559.03	0.078264		
	大理石				m³	1.4469		114.09	165.0768		
	硬白蜡				kg	0.0362		3.22	0.116564		
	草酸				kg	0.0135		4.96	0.06696		

续表

	主要材料名称、规格、型号	单位	数量	单价（元）	合价（元）	暂估单价（元）	暂估合价（元）
材料费明细	麻袋	条	0.3003	4.96	1.489488		
	白棉纱	kg	0.0206	11.7	0.24102		
	水泥砂浆 1∶3	m^3	0.0276	162.44	4.483344		
	水	m^3	0.0532	1.54	0.081928		
	金属防滑条 50×5(黄铜)	m	1.06	25.39	26.9134		
	杉木枋材	m^3	0.00008	2202.43	0.176194		
	木螺钉 3.5×22～25	百个	0.042	1.41	0.05922		
	其他材料费			—	0.3378	—	
	材料费小计			—	204.556	—	

工程量清单综合单价分析表

表 5-54

工程名称：某办公楼工程　　标段：　　第 7 页　共 25 页

项目编码	011503001001	项目名称	栏杆扶手	计量单位	m	工程量	5.11

定额编号	定额名称	定额单位	数量	单价				合价			
				人工费	材料费	机械费	管理费和利润	人工费	材料费	机械费	管理费和利润
B6－99	栏杆扶手	100m	0.01	115.36	342.23	—	39.722	1.1536	3.4223	—	0.39722
人工单价		小计						1.1536	3.4223	—	0.39722
28 元/工日		未计价材料费						—			
清单项目综合单价								4.97312			

	主要材料名称、规格、型号	单位	数量	单价（元）	合价（元）	暂估单价（元）	暂估合价（元）
材料费明细	铝合金方管 20×20×1.0	m	0.7067	4.28	3.024676		
	铝合金方管 25×25×1.2	m	0.0141	6.41	0.090381		
	膨胀螺栓 M8×80(镀锌连母)	百套	0.004	44.06	0.17624		
	自攻螺钉 4×15	百个	0.005	1.93	0.00965		
	镀锌水泥钢钉	kg	0.006	10.02	0.06012		
	铝拉铆钉	百个	0.006	10.02	0.06012		
	其他材料费			—		—	
	材料费小计			—	3.421187	—	

工程量清单综合单价分析表

表 5-55

工程名称：某办公楼工程　　标段：　　第 8 页　共 25 页

项目编码	011107001001	项目名称	台阶	计量单位	m^2	工程量	1.97

定额编号	定额名称	定额单位	数量	单价				合价			
				人工费	材料费	机械费	管理费和利润	人工费	材料费	机械费	管理费和利润
B1－30	台阶	$100m^2$	0.01	1232.84	18701.99	25.33	449.398	12.3284	187.0199	0.2533	4.49398
B1－5	台阶找平层	$100m^2$	0.01	501.76	532.26	25.33	185.332	5.0176	5.3226	0.2533	1.85332
B1－194	台阶防滑条2－2	100m	0.01	161.84	2714.88		58.458	1.6184	27.1488	0	0.58458

续表

人工单价	小 计				18.9644	219.4913	0.5066	6.93188
28元/工日	未计价材料费				—			
清单项目综合单价					245.89418			
材料费明细	主要材料名称、规格、型号	单位	数量	单价（元）	合价（元）	暂估单价（元）	暂估合价（元）	
	水泥砂浆 1∶2.5	m^3	0.0299	179.57	5.369143			
	水泥 P.O 32.5(R)	t	0.00178	291.99	0.5197422			
	白水泥 P.O 32.5(R)	t	0.00015	559.03	0.0838545			
	大理石	m^3	1.5688	114.09	178.98439			
	硬白蜡	kg	0.0393	3.22	0.126546			
	草酸	kg	0.0147	4.96	0.072912			
	麻袋	条	0.3256	4.96	1.614976			
	白棉纱	kg	0.0222	11.7	0.25974			
	水泥砂浆 1∶3	m^3	0.0299	162.44	4.856956			
	水	m^3	0.0573	1.54	0.088242			
	金属防滑条 50×5（黄铜）	m	1.06	25.39	26.9134			
	杉木枋材	m^3	0.00008	2202.43	0.1761944			
	木螺钉 3.5×22～25	百个	0.042	1.41	0.05922			
	其他材料费			—	0.366	—		
	材料费小计			—	219.49132	—		

工程量清单综合单价分析表 表5-56

工程名称：某办公楼工程　　标段：　　第9页　共25页

项目编码	011108004001	项目名称	防滑坡道（水泥砂浆零星项目）			计量单位		m²		工程量	13.00
定额编号	定额名称	定额单位	数量	单价				合价			
				人工费	材料费	机械费	管理费和利润	人工费	材料费	机械费	管理费和利润
B1－9	防滑坡道（水泥砂浆零星项目）	100m²	0.01	338.8	585.61	21.8	125.89	3.388	5.8561	0.218	1.2589
人工单价		小 计						3.388	5.8561	0.218	1.2589
28元/工日		未计价材料费						—			
清单项目综合单价								10.721			

材料费明细	主要材料名称、规格、型号	单位	数量	单价（元）	合价（元）	暂估单价（元）	暂估合价（元）
	水泥砂浆 1∶2	m^3	0.0258	199.18	5.138844		
	水泥 P.O 32.5(R)	t	0.00169	291.99	0.493463		
	水	m^3	0.0428	1.54	0.065912		
	其他材料费			—	0.1579	—	
	材料费小计			—	5.856119	—	

工程量清单综合单价分析表 **表 5-57**

工程名称：某办公楼工程 标段： 第 10 页 共 25 页

项目编码	011108001001	项目名称	台阶侧面零星装饰			计量单位	m²		工程量	0.12
定额编号	定额名称	定额单位	数量	单价				合价		
				人工费	材料费	机械费	管理费和利润	人工费	材料费	机械费	管理费和利润
B1－42	台阶侧面零星装饰	100m²	0.01	1482.32	13094.69	—	535.424	14.8232	130.9469	—	5.35424
人工单价		小计						14.8232	130.9469	—	5.35424
28元/工日		未计价材料费						—			
清单项目综合单价								151.12434			

材料费明细	主要材料名称、规格、型号	单位	数量	单价（元）	合价（元）	暂估单价（元）	暂估合价（元）
	干粉型粘结剂	kg	6	1.6	9.6		
	白水泥 P.O 32.5(R)	t	0.00011	559.03	0.0614933		
	大理石	m³	1.06	114.09	120.9354		
	硬白蜡	kg	0.0265	3.22	0.08533		
	草酸	kg	0.0099	4.96	0.049104		
	白棉纱	kg	0.015	11.7	0.1755		
	水	m³	0.026	1.54	0.04004		
	其他材料费			—		—	
	材料费小计			—	130.94687	—	

工程量清单综合单价分析表 **表 5-58**

工程名称：某办公楼工程 标段： 第 11 页 共 25 页

项目编码	011201001001	项目名称	墙面抹灰			计量单位	m²		工程量	2212.94
定额编号	定额名称	定额单位	数量	单价				合价		
				人工费	材料费	机械费	管理费和利润	人工费	材料费	机械费	管理费和利润
B2－7	墙面抹灰	100m²	0.01	425.04	314.38	19.28	156.628	4.2504	3.1438	0.1928	1.56628
人工单价		小计						4.2504	3.1438	0.1928	1.56628
28元/工日		未计价材料费						—			
清单项目综合单价								9.15328			

材料费明细	主要材料名称、规格、型号	单位	数量	单价（元）	合价（元）	暂估单价（元）	暂估合价（元）
	水泥砂浆 1∶2.5	m³	0.0057	179.57	1.023549		
	水泥石灰砂浆 1∶2∶8	m³	0.0173	108.74	1.881202		
	水泥 P.O 32.5(R)	t	0.0003	291.99	0.087597		
	水	m³	0.0069	1.54	0.010626		
	其他材料费			—	0.1408	—	
	材料费小计			—	3.143774	—	

工程量清单综合单价分析表 **表 5-59**

工程名称：某办公楼工程 标段： 第12页 共25页

项目编码	011202001001	项目名称	独立柱面抹灰			计量单位		m²		工程量	3.97
定额编号	定额名称	定额单位	数量	单价				合价			
				人工费	材料费	机械费	管理费和利润	人工费	材料费	机械费	管理费和利润
B2—12	独立柱面抹灰	100m²	0.01	588.28	319.31	19.76	215.676	5.8828	3.1931	0.1976	2.15676
人工单价		小计						5.8828	3.1931	0.1976	2.15676
28元/工日		未计价材料费						—			
清单项目综合单价								11.43026			
材料费明细	主要材料名称、规格、型号				单位	数量		单价（元）	合价（元）	暂估单价（元）	暂估合价（元）
	水泥砂浆 1∶2.5				m³	0.0058		179.57	1.041506		
	水泥石灰砂浆 1∶2∶8				m³	0.0175		108.74	1.90295		
	水泥 P.O 32.5(R)				t	0.0003		291.99	0.087597		
	水				m³	0.012		1.54	0.01848		
	其他材料费							—	0.1426	—	
	材料费小计							—	3.193133	—	

工程量清单综合单价分析表 **表 5-60**

工程名称:某办公楼工程 标段： 第13页 共25页

项目编码	011204003001	项目名称	墙裙陶瓷面砖			计量单位		m²		工程量	554.05
定额编号	定额名称	定额单位	数量	单价				合价			
				人工费	材料费	机械费	管理费和利润	人工费	材料费	机械费	管理费和利润
B2—147	墙裙陶瓷面砖	100m²	0.010269	1428.84	2240.47	0.42	516.168	14.67275796	23.0074	0.0043	5.3005
B2—7	墙裙陶瓷面砖下找平层	100m²	0.01	425.04	314.38	19.28	156.628	4.2504	3.1438	0.1928	1.56628
人工单价		小计						18.9232	26.1512	0.1971	6.86678
28元/工日		未计价材料费						—			
清单项目综合单价								52.14			
材料费明细	主要材料名称、规格、型号				单位	数量		单价（元）	合价（元）	暂估单价（元）	暂估合价（元）
	水泥膏				m³	0.0064122		552.05	3.539841		
	釉面砖 240×60				m³	0.8907833		21.45	19.1073		
	白棉纱				kg	0.0101781		11.7	0.119083		
	水				m³	0.0093427		1.54	0.014388		
	水泥砂浆 1∶2.5				m³	0.0057		179.57	1.023549		
	水泥石灰砂浆 1∶2∶8				m³	0.0173		108.74	1.881202		
	水泥 P.O 32.5(R)				t	0.0003		291.99	0.087597		
	其他材料费							—	0.174388	—	
	材料费小计							—	25.94735	—	

工程量清单综合单价分析表 **表 5-61**

工程名称：某办公楼工程 标段： 第 14 页 共 25 页

项目编码	011204003002	项目名称	孔雀鱼马赛克		计量单位		m²		工程量	102.17
定额编号	定额名称	定额单位	数量	单价				合价		
				人工费	材料费	机械费	管理费和利润	人工费	材料费	机械费	管理费和利润
B2—171	孔雀鱼马赛克	100m²	0.010233	1260	1880.09	0.49	455.2	12.893023	19.23813	0.005014	4.552
B2—7	卫生间墙裙抹灰 2—2	100m²	0.01	425.04	314.38	19.28	156.628	4.2504	3.1438	0.1928	1.56628
人工单价		小计						17.143423	22.38193	0.197814	6.11828
28 元/工日		未计价材料费						—			
清单项目综合单价								45.84144744			

材料费明细	主要材料名称、规格、型号	单位	数量	单价（元）	合价（元）	暂估单价（元）	暂估合价（元）
	白水泥膏	m³	0.0064465	1056.22	6.808935		
	白水泥 P.O 32.5(R)	t	0.0002558	559.03	0.143008		
	玻璃马赛克	m³	1.0488372	11.56	12.12456		
	白棉纱	kg	0.0102326	11.7	0.119721		
	水	m³	0.0084349	1.54	0.01299		
	水泥石灰砂浆 1∶2∶8	m³	0.0173	108.74	1.881202		
	水泥砂浆 1∶2.5	m³	0.0057	179.57	1.023549		
	水泥 P.O 32.5(R)	t	0.0003	291.99	0.087597		
	其他材料费			—	0.180298	—	
	材料费小计			—	22.38186	—	

工程量清单综合单价分析表 **表 5-62**

工程名称：某办公楼工程 标段： 第 15 页 共 25 页

项目编码	011205002001	项目名称	独立柱面陶瓷面砖		计量单位		m²		工程量	4.22
定额编号	定额名称	定额单位	数量	单价				合价		
				人工费	材料费	机械费	管理费和利润	人工费	材料费	机械费	管理费和利润
B2—126	独立柱面陶瓷面砖	100m²	0.009412	1187.2	6776.99	4.59	429.57	11.173647	63.78344	0.0432	4.2957
人工单价		小计						11.173647	63.78344	0.0432	4.2957
28 元/工日		未计价材料费						—			
清单项目综合单价								79.29598235			

材料费明细	主要材料名称、规格、型号	单位	数量	单价（元）	合价（元）	暂估单价（元）	暂估合价（元）
	水泥砂浆 1∶2	m³	0.0050824	199.18	1.012303		
	白水泥 P.O 32.5(R)	t	9.412×10^{-5}	559.03	0.052615		
	釉面砖 500×500	m³	0.9976471	62.72	62.57242		
	白棉纱	kg	0.0094118	11.7	0.110118		
	水	m³	0.0021741	1.54	0.003348		
	其他材料费			—	0.032659	—	
	材料费小计			—	63.78347	—	

工程量清单综合单价分析表　　　　**表 5-63**

工程名称：某办公楼工程　　　　标段：　　　　第16页　共25页

项目编码	011302001001	项目名称	铝塑板吊顶	计量单位	m^2	工程量	61.91

定额编号	定额名称	定额单位	数量	单价				合价			
				人工费	材料费	机械费	管理费和利润	人工费	材料费	机械费	管理费和利润
B3－100	铝塑板	$100m^2$	0.01	378	14502.8	—	127.39	3.78	145.0283	—	1.2739
B3－34	铝塑板上轻钢龙骨	$100m^2$	0.01	478.8	1347.87	12.27	163.04	4.788	13.4787	0.1227	1.6304
人工单价		小计						8.568	158.507	0.1227	2.9043
28元/工日		未计价材料费						—			
清单项目综合单价								170.102			

材料费明细	主要材料名称、规格、型号	单位	数量	单价（元）	合价（元）	暂估单价（元）	暂估合价（元）
	松木板材	m^3	0.00016	1318.58	0.210973		
	铝塑板 δ3	m^3	1.05	137	143.85		
	胶粘剂	kg	0.058	12.41	0.71978		
	圆钢 $\phi10$ 以内	t	0.00028	3150.36	0.882101		
	轻钢龙骨不上人型(平面)600×600	m^2	1.015	10.8	10.962		
	高强螺栓	kg	0.0122	5.53	0.067466		
	螺母	百个	0.0352	1.72	0.060544		
	射钉	百支	0.0153	0.44	0.006732		
	垫圈	百个	0.0176	1.24	0.021824		
	铁件	kg	0.4	3.55	1.42		
	电焊条	kg	0.0128	4.53	0.057984		
	其他材料费			—	0.2475	—	
	材料费小计			—	158.5069	—	

工程量清单综合单价分析表　　　　**表 5-64**

工程名称:某办公楼工程　　　　标段:　　　　第17页　共25页

项目编码	011302001002	项目名称	纸面石膏板	计量单位	m^2	工程量	794.87

定额编号	定额名称	定额单位	数量	单价				合价			
				人工费	材料费	机械费	管理费和利润	人工费	材料费	机械费	管理费和利润
B3－105	纸面石膏板	$100m^2$	0.01	302.4	3919.09	—	127.39	3.024	39.1909	—	1.2739
B3－34	纸面石膏板上轻钢龙骨	$100m^2$	0.01	478.8	1347.87	12.27	163.04	4.788	13.4787	0.1227	1.6304
人工单价		小计						7.812	52.6696	0.1227	2.9043
28元/工日		未计价材料费						—			
清单项目综合单价								63.5086			

材料费明细	主要材料名称、规格、型号	单位	数量	单价（元）	合价（元）	暂估单价（元）	暂估合价（元）
	松木板材	m^3	0.00016	1318.58	0.210973		
	纸面石膏板	m^3	1.05	36	37.8		
	自攻螺钉 4×15	百个	0.345	2.75	0.94875		
	圆钢 $\phi10$ 以内	t	0.00028	3150.36	0.882101		

续表

	主要材料名称、规格、型号	单位	数量	单价（元）	合价（元）	暂估单价（元）	暂估合价（元）
材料费明细	轻钢龙骨不上人型（平面）600×600	m^2	1.015	10.8	10.962		
	高强螺栓	kg	0.0122	5.53	0.067466		
	螺母	百个	0.0352	1.72	0.060544		
	射钉	百支	0.0153	0.44	0.006732		
	垫圈	百个	0.0176	1.24	0.021824		
	铁件	kg	0.4	3.55	1.42		
	电焊条	kg	0.0128	4.53	0.057984		
	其他材料费			—	0.2312	—	
	材料费小计			—	52.66957	—	

工程量清单综合单价分析表 **表 5-65**

工程名称：某办公楼工程　　标段：　　第 18 页　共 25 页

项目编码	010802001001	项目名称	塑钢门安装 1—1		计量单位		m^2	工程量	3.68
定额编号	定额名称	定额单位	数量	单价				合价			
				人工费	材料费	机械费	管理费和利润	人工费	材料费	机械费	管理费和利润
B4—210	塑钢门安装1—1	$100m^2$	0.01	1146.6	614.16	—	382.14	11.466	6.1416	—	3.8214
人工单价		小计						11.466	6.1416	—	3.8214
28 元/工日		未计价材料费						—			
清单项目综合单价								21.429			

	主要材料名称、规格、型号	单位	数量	单价（元）	合价（元）	暂估单价（元）	暂估合价（元）
材料费明细	木螺钉 d5×50	套	6.58	0.1	0.658		
	密封膏	kg	0.44	6.87	3.0228		
	合金钢钻头 ϕ10	个	0.04	4.85	0.194		
	不锈钢螺钉 M5×12	支	6.77	0.21	1.4217		
	软填料	kg	0.27	3.13	0.8451		
	其他材料费			—		—	
	材料费小计			—	6.1416	—	

工程量清单综合单价分析表 **表 5-66**

工程名称：某办公楼工程　　标段：　　第 19 页　共 25 页

项目编码	010802001002	项目名称	塑钢门安装 2—2		计量单位		m^2	工程量	71.82
定额编号	定额名称	定额单位	数量	单价				合价			
				人工费	材料费	机械费	管理费和利润	人工费	材料费	机械费	管理费和利润
B4—210	塑钢门安装 2—2	$100m^2$	0.01	1146.6	614.16	—	382.14	11.466	6.1416	—	3.8214
人工单价		小计						11.466	6.1416	—	3.8214
28 元/工日		未计价材料费						—			
清单项目综合单价								21.429			

续表

	主要材料名称、规格、型号	单位	数量	单价（元）	合价（元）	暂估单价（元）	暂估合价（元）
材料费明细	木螺钉 d5×50	套	6.58	0.1	0.658		
	密封膏	kg	0.44	6.87	3.0228		
	合金钢钻头 ϕ10	个	0.04	4.85	0.194		
	不锈钢螺钉 M5×12	支	6.77	0.21	1.4217		
	软填料	kg	0.27	3.13	0.8451		
	其他材料费			—		—	
	材料费小计			—	6.1416	—	

工程量清单综合单价分析表　　**表 5-67**

工程名称：某办公楼工程　　标段：　　第 20 页　共 25 页

项目编码	010802001003	项目名称	铝合金门安装			计量单位	m²	工程量	11.34		
定额编号	定额名称	定额单位	数量	单价				合价			
				人工费	材料费	机械费	管理费和利润	人工费	材料费	机械费	管理费和利润
B4－261	铝合金门安装	100m²	0.01	764.4	4014.82	—	254.76	7.644	40.1482	—	2.5476
人工单价		小计						7.644	40.1482	—	2.5476
28 元/工日		未计价材料费						—			
清单项目综合单价								50.3398			

	主要材料名称、规格、型号	单位	数量	单价（元）	合价（元）	暂估单价（元）	暂估合价（元）
材料费明细	镀锌铁码	支	5.833	0.33	1.92489		
	膨胀螺栓 M5×50	百个	0.1222	10.64	1.300208		
	不锈钢螺钉 M5×12	支	6.112	0.22	1.34464		
	墙边胶	L	0.1	57.37	5.737		
	平板玻璃 δ6	m²	1	22.5	22.5		
	玻璃胶 335g/支	支	0.437	9.6	4.1952		
	密封毛条	m	1.5156	0.1	0.15156		
	软填料	kg	0.3177	3.13	0.994401		
	其他材料费			—	2	—	
	材料费小计			—	40.1479	—	

工程量清单综合单价分析表　　**表 5-68**

工程名称：某办公楼工程　　标段：　　第 21 页　共 25 页

项目编码	010807001001	项目名称	铝合金窗安装 1－1			计量单位	m²	工程量	110.25		
定额编号	定额名称	定额单位	数量	单价				合价			
				人工费	材料费	机械费	管理费和利润	人工费	材料费	机械费	管理费和利润
B4－263	铝合金窗安装 1－1	100m²	0.01	661.64	3977.37	—	220.508	6.6164	39.7737	—	2.20508
人工单价		小计						6.6164	39.7737	—	2.20508

续表

28元/工日	未计价材料费				—		
清单项目综合单价					48.59518		
材料费明细	主要材料名称、规格、型号	单位	数量	单价（元）	合价（元）	暂估单价（元）	暂估合价（元）
	镀锌铁码	支	8.75	0.33	2.8875		
	木螺栓 d5×50	套	18.326	0.1	1.8326		
	墙边胶	L	0.153	57.37	8.77761		
	不锈钢螺钉 M5×12	支	9.163	0.22	2.01586		
	平板玻璃 δ5	m^2	1	17.35	17.35		
	密封毛条	m	6.0583	0.1	0.60583		
	玻璃胶 335g/支	支	0.4834	9.6	4.64064		
	软填料	kg	0.5253	3.13	1.644189		
	其他材料费			—	0.0195	—	
	材料费小计			—	39.77373	—	

工程量清单综合单价分析表 表 5-69

工程名称：某办公楼工程 标段： 第22页 共25页

项目编码	010807001002	项目名称	铝合金窗安装 2－2	计量单位	m^2	工程量	94.50

定额编号	定额名称	定额单位	数量	单价				合价			
				人工费	材料费	机械费	管理费和利润	人工费	材料费	机械费	管理费和利润
B4－263	铝合金窗安装 2－2	$100m^2$	0.01	661.64	3977.37	—	220.508	6.6164	39.7737	—	2.20508
人工单价		小计						6.6164	39.7737	—	2.20508
28元/工日		未计价材料费						—			
清单项目综合单价								48.59518			

材料费明细	主要材料名称、规格、型号	单位	数量	单价（元）	合价（元）	暂估单价（元）	暂估合价（元）
	镀锌铁码	支	8.75	0.33	2.8875		
	木螺栓 d5×50	套	18.326	0.1	1.8326		
	墙边胶	L	0.153	57.37	8.77761		
	不锈钢螺钉 M5×12	支	9.163	0.22	2.01586		
	平板玻璃 δ5	m^2	1	17.35	17.35		
	密封毛条	m	6.0583	0.1	0.60583		
	玻璃胶 335g/支	支	0.4834	9.6	4.64064		
	软填料	kg	0.5253	3.13	1.644189		
	其他材料费			—	0.0195	—	
	材料费小计			—	39.77373	—	

工程量清单综合单价分析表　　表 5-70

工程名称：某办公楼工程　　标段：　　第23页　共25页

项目编码	010807001003	项目名称	铝合金窗安装3－3	计量单位	m^2	工程量	54.00				
定额编号	定额名称	定额单位	数量	单价				合价			
				人工费	材料费	机械费	管理费和利润	人工费	材料费	机械费	管理费和利润
B4－263	铝合金窗安装3－3	$100m^2$	0.01	661.64	3977.37	—	220.508	6.6164	39.7737	—	2.20508
人工单价		小计						6.6164	39.7737	—	2.20508
28元/工日		未计价材料费						—			
清单项目综合单价								48.59518			
材料费明细	主要材料名称、规格、型号				单位	数量		单价(元)	合价(元)	暂估单价(元)	暂估合价(元)
	镀锌铁码				支	8.75		0.33	2.8875		
	木螺栓 d5×50				套	18.326		0.1	1.8326		
	墙边胶				L	0.153		57.37	8.77761		
	不锈钢螺钉 M5×12				支	9.163		0.22	2.01586		
	平板玻璃 δ5				m^2	1		17.35	17.35		
	密封毛条				m	6.0583		0.1	0.60583		
	玻璃胶 335g/支				支	0.4834		9.6	4.64064		
	软填料				kg	0.5253		3.13	1.644189		
	其他材料费							—	0.0195	—	
	材料费小计							—	39.77373	—	

工程量清单综合单价分析表　　表 5-71

工程名称:某办公楼工程　　标段：　　第24页　共25页

项目编码	010807001004	项目名称	铝合金窗安装4－4	计量单位	m^2	工程量	3.24				
定额编号	定额名称	定额单位	数量	单价				合价			
				人工费	材料费	机械费	管理费和利润	人工费	材料费	机械费	管理费和利润
B4－263	铝合金窗安装4－4	$100m^2$	0.01	661.64	3977.37	—	220.508	6.6164	39.7737	—	2.20508
人工单价		小计						6.6164	39.7737	—	2.20508
28元/工日		未计价材料费						—			
清单项目综合单价								48.59518			
材料费明细	主要材料名称、规格、型号				单位	数量		单价(元)	合价(元)	暂估单价(元)	暂估合价(元)
	镀锌铁码				支	8.75		0.33	2.8875		
	木螺栓 d5×50				套	18.326		0.1	1.8326		
	墙边胶				L	0.153		57.37	8.77761		
	不锈钢螺钉 M5×12				支	9.163		0.22	2.01586		
	平板玻璃 δ5				m^2	1		17.35	17.35		
	密封毛条				m	6.0583		0.1	0.60583		
	玻璃胶 335g/支				支	0.4834		9.6	4.64064		

续表

	主要材料名称、规格、型号	单位	数量	单价（元）	合价（元）	暂估单价（元）	暂估合价（元）
材料费明细	软填料	kg	0.5253	3.13	1.644189		
	其他材料费			—	0.0195	—	
	材料费小计			—	39.77373	—	

工程量清单综合单价分析表 **表 5-72**

工程名称：某办公楼工程　　标段：　　第 25 页　共 25 页

项目编码	011406001001	项目名称	油漆		计量单位	m²	工程量	874.81			
定额编号	定额名称	定额单位	数量	单价				合价			
				人工费	材料费	机械费	管理费和利润	人工费	材料费	机械费	管理费和利润
B8－131	油漆	100m²	0.01	142.8	234.69	—	48.13	1.428	2.3469	—	0.4813
人工单价		小计						1.428	2.3469	—	0.4813
28 元/工日		未计价材料费						—			
清单项目综合单价								4.2562			

	主要材料名称、规格、型号	单位	数量	单价（元）	合价（元）	暂估单价（元）	暂估合价（元）
材料费明细	滑石粉	kg	0.1386	0.52	0.072072		
	清油	kg	0.0155	11.08	0.17174		
	桐油	kg	0.0218	8.87	0.193366		
	松节油（优质松节水）	kg	0.0751	6.38	0.479138		
	石膏粉	kg	0.0299	0.97	0.029003		
	调和漆（综合）	kg	0.1854	6.45	1.19583		
	乳液（聚醋酸乙烯）	kg	0.0155	7.36	0.11408		
	羧甲基纤维素	kg	0.0031	15.96	0.049476		
	酒精（工业用 99.5%）	kg	0.0002	7.46	0.001492		
	钴铅催干剂	张	0.0048	5.85	0.02808		
	木铅纸	m²	0.07	0.15	0.0105		
	白布		0.0008	2.69	0.002152		
	其他材料费			—		—	
	材料费小计			—	2.346929	—	

5.8　某办公楼精装投标总价编制

投　标　总　价

招　标　人：　广东省某办公楼

工 程 名 称：　某办公楼工程工程

投标总价(小写)：　338780

(大写)：　叁拾叁万捌仟柒佰捌拾元整

投　标　人：　某某装饰公司单位公章

(单位盖章)

法定代表人：　某某装饰公司

或其授权人：　法定代表人

(签字或盖章)

编　制　人：　×××签字盖造价工程师或造价员专用章

(造价人员签字盖专用章)

编制时间：××××年××月××日

总 说 明

工程名称：某办公楼工程　　　　第　页　共　页

工程概况：

(1)本工程为广东省某办公楼，结构类型采用框架结构，总长 30.4m，总宽 11.2m。室内地面设计相对标高为±0.000，室内外高差为 0.450。

(2)室内外墙体除卫生间处隔墙外，墙体均为 240mm 厚多孔砖；女儿墙体为 120mm 厚，高 800mm。以上墙体均为 M7.5 水泥砂浆砌筑。

(3)建筑散水宽度为 600mm。

(4)楼地面全部采用块料面层进行装饰。其中，办公室、会议室、接待室、休息室采用玻化砖，卫生间采用 300×300 防滑面砖，楼道及服务台采用芝麻白花岗石，楼梯饰面采用中国黑大理石进行装饰。

(5)卫生间墙裙采用孔雀鱼马赛克，高 1800mm。卫生间以外的室内墙面装饰，踢脚线采用大理石，高 120mm，踢脚线上部采用墙裙陶瓷面砖作为墙裙进行装饰，高 680mm。

(6)顶棚的装饰中，除楼梯间外全部采用吊顶进行装饰。其中，卫生间采用轻钢龙骨干挂铝塑板的方式进行顶棚的装饰，其余采用轻钢龙骨纸面石膏板进行装饰后，面涂多乐士五合一墙面漆。吊顶高均为 400mm。

(7)建筑外墙装饰采用三种材料进行装饰：中国黑大理石、红色饰面砖、新疆红大理石。

工程项目投标报价汇总表　　　　**表 5-73**

工程名称：某办公楼工程　　　　标段：　　　　第 1 页　共 1 页

序号	单项工程名称	金额(元)	其中(元)		
			暂估价	安全文明施工费	规　费
1	某办公楼工程工程	338780.57			
合　计					

单项工程投标报价汇总表　　　　**表 5-74**

工程名称：某办公楼工程　　　　标段：　　　　第 1 页　共 1 页

序号	单项工程名称	金额(元)	其中(元)		
			暂估价	安全文明施工费	规　费
1	某办公楼工程工程	338780.57			
合　计					

单位工程投标报价汇总表　　表 5-75

工程名称 ：某办公楼工程　　标段：　　第 1 页　共 1 页

序　号	汇总内容	金额(元)	其中:暂估价(元)
1	分部分项工程	338780.57	
1.1	某办公楼工程工程	338780.57	
2	措施项目		
2.1	安全文明施工费		
3	其他项目		
3.1	暂列金额		
3.2	专业工程暂估价		
3.3	计日工		
3.4	总承包服务费		
4	规费		
5	税金		
招标控制价合计＝1＋2＋3＋4＋5			

注:这里的分部分项工程中存在暂估价。

分部分项工程量清单与计价表见表 5-47。

措施项目清单与计价表　　表 5-76

工程名称:某办公楼工程　　标段:　　第 1 页　共 1 页

序号	项目名称	计算基础	费率(%)	金额(元)
1	文明施工费	人工费		
2	安全施工费	人工费		
3	生活性临时设施费	人工费		
4	生产性临时设施费	人工费		
5	夜间施工费	人工费		
6	冬雨期施工增加费	人工费		
7	二次搬运费	人工费		
8	工程定位复测、工程点交、场地清理	人工费		
9	生产工具用具使用费	人工费		
合　计				

注:该表费率参考《广东省建设工程施工取费定额》(2005)。

其他项目清单与计价汇总表

表 5-77

工程名称：某办公楼工程　　标段：　　第 1 页　共 1 页

序号	项目名称	计量单位	金额(元)	备　注
1	暂列金额	项	33878.06	一般按分部分项工程的(197495.46)10%～15%
2	暂估价			
2.1	材料暂估价			
2.2	专业工程暂估价	项		
3	计日工			
4	总承包服务费			一般为专业工程估价的 3%～5%
合　计				

注：第 1、4 项备注参考《建筑工程工程量清单计价规范》GB 50500—2013。材料暂估单价进入清单项目综合单价此处不汇总。

计日工表

表 5-78

工程名称：某办公楼工程　　标段：　　第 1 页　共 1 页

编号	项目名称	单位	暂定数量	综合单价	合价
一	人工				
1	普工	工日			
2	技工(综合)	工日			
3					
4					
人工小计					—
二	材料				
1					
2					
3					
4					
5					
6					
材料小计					—
三	施工机械				
1	灰浆搅拌机	台班			
2	自升式塔式起重机	台班			
3					
4					
施工机械小计					—
总　计					

注：此表项目，名称由招标人填写，编制招标控制价时，单价由招标人按有关计价规定确定；投标时，单价由投标人自主报价，计入投标总价中。

规费、税金项目计价表　　　　　　　　　　　　　　　　表 5-79

工程名称:某办公楼工程工程　　　　　　　　　标段:　　　　　　　　　　　　第1页　共1页

序号	项目名称	计算基础	计算基数	计算费率(%)	金额(元)
1	规费	定额人工费			
1.1	社会保险费	定额人工费			
(1)	养老保险费	定额人工费			
(2)	失业保险费	定额人工费			
(3)	医疗保险费	定额人工费			
(4)	工伤保险费	定额人工费			
(5)	生育保险费	定额人工费			
1.2	住房公积金	定额人工费			
1.3	工程排污费	按工程所在地环境保护部门收取标准,按实计入			
2	税金	分部分项工程费＋措施项目费＋其他项目费＋规费－按规定不计税的工程设备金额			
合　计					

编制人(造价人员):　　　　　　　　　　　　　　　　　复核人(造价工程师):

第 6 章　装饰工程算量解题技巧及常见疑难问题解答

6.1　解题技巧

1. 某二层住宅精装工程前期计算基础数据的罗列

在计算工程量前，将一些常用的基础数据进行罗列。可以方便查找，快速准确做题。某二层住宅精装工程前期计算基础数据汇总见表 6-1。

某二层住宅精装工程前期计算基础数据汇总　　**表 6-1**

位　　置	项　　　目	长　　度
卫生间	深度	3.9m
	宽度	1.8m
	半墙厚	0.12m
餐厅	深度	2.9m
	宽度	2.6m
	轴线到墙外边缘距离	0.12m
	轴线到内墙边缘距离	0.12m
厨房	深度	3.9m
	宽度	2.1m
	轴线到内墙边缘距离	0.12m
	轴线到内墙边缘距离	0.09m
阳台	深度	1.0m
	宽度	2.6m
过道	宽度	1.5m
	过道在卫生间的外墙长	1.8m
	过道在厨房的外墙长	3.6m
	过道在卧式的外墙长	2.1m
客厅	深度	3.9m
	宽度	4.2m
	墙厚	0.24m
	Ⓑ轴线、⑤、⑦轴线间长度	1.45m
楼梯间	深度	(1.5+2.9+1.0+0.6)m
	宽度	2.6m
	轴线到墙内边缘的距离	0.12m

续表

位　置	项　目	长　度
卧室	深度	3.9m
	宽度	3.6m
	轴线到内墙内边缘的距离	0.12m
	轴线到外墙内边缘的距离	0.09m
踢脚线	一、二两层踢脚线	161.70m
门洞	M2 宽度	0.8m
	M3 宽度	1.0m
	M4 宽度	0.9m
	子母门宽度	1.8m
防滑坡道	长度	2.6m
	宽度	1.0m
防护坡道	长度	2.6m
	宽度	1.0m
	混凝土垫层厚度	0.1m
散水	宽度	0.6m

2. 某二层住宅精装工程不同分部分项工程的潜在关系

分部工程是单位工程的组成部分，分部工程一般是按单位工程的结构形式、工程部位、构件性质、使用材料、设备种类等的不同而划分的工程项目。分项工程是指分部工程的组成部分，是施工图预算中最基本的计算单位，又是概预算定额的基本计量单位，故也称为工程定额子目或工程细目，将分部工程进一步划分。它是按照不同的施工方法、不同材料的不同规格等确定的。具体来说，装饰工程的分部分项划分如表 6-2。

装饰工程的分部分项划分　　　表 6-2

分部分项	子分部工程	分项工程
建筑装饰装修	地面	整体面层：基层，水泥混凝土面层，水泥砂浆面层，水磨石面层，防油渗面层，水泥钢(铁)悄面层，不发火(防爆的)面层；板块面层：基层，砖面层(陶瓷锦砖、缸砖、陶瓷地砖和水泥花砖面层)，大理石面层和花岗石面层，预制板块面层(预制水泥混凝土、水磨石板块面层)，料石面层(条石、块石面层)，塑料板面层，活动地板面层，地毯面层；木竹面层；基层、实木地板面层(条材、块材面层)，实木复合地板面层(条材、块材面层)，中密度(强化)复合地板面层(条材面层)，竹地板面层
	抹灰	一般抹灰，装饰抹灰，清水砌体勾缝，涂料抹灰
	门窗	木门窗制作与安装，金属门窗安装，塑料门窗安装，特种门安装，门窗玻璃安装
	吊顶	暗龙骨吊灯，明龙骨吊顶
	轻质隔墙	板材隔墙、骨架隔墙、活动隔墙、玻璃隔墙
	饰面板(砖)	饰面板安装，饰面砖粘贴

续表

分部分项	子分部工程	分项工程
建筑装饰装修	幕墙	玻璃幕墙，金属幕墙，石材幕墙
	涂饰	水性涂料涂饰，溶剂型涂料涂饰，美术涂饰
	裱糊与软包	裱糊、软包
	细部	橱柜制作与安装，窗帘盒、窗台板和暖气罩制作与安装，门窗套制作与安装，护栏和扶手制作与安装，花饰制作与安装

分部工程是建筑物的一部分或是某一项专业的设备；分项工程是最小的，再也分不下去的，若干个分项工程合在一起就形成一个分部工程，分部工程合在一起就形成一个单位工程，单位工程合在一起就形成一个单项工程，一个单项工程或几个单项工程合在一起构成一个建设的项目。例如，建筑装饰装修作为一个分部工程，这个分部工程又包含了若干个子分部工程，例如地面、抹灰、门窗等。其中抹灰又可以划分为几个分项工程（一般抹灰、装饰抹灰、清水砌体沟灌、涂料抹灰）。由此可以看出：分部工程是按照工程的种类或主要部位划分的；而分项工程是按不同的施工方法、构造及规格将分部工程划分而来的。

3. 怎样巧妙利用某二层住宅精装工程前后的计算数据

在进行工程量计算时，我们应当明白整个工程是个有机整体，找到每个分部分项工程量的联系，可以在计算时巧妙利用一些前面的数据，简化计算过程。常用的方法技巧如下：

（1）在清单工程量计算规则和定额工程量计算规则相同时，两者工程量计算可以相互借鉴。例如：某二层住宅工程量计算时，前面已经计算过雨篷抹灰工程量，我们又知道雨篷抹灰清单工程量计算规则与定额计算规则相同，所以雨篷抹灰定额工程量不必计算，直接借用清单工程量计算结果即可。

（2）在计算工程量时要注意观察，相同工程量只计算一次，再次计算时可以借鉴之前的计算结果。例如，题中一层、二层卧室铺设同样的木质地板，计算完一层卧室木地板工程量后，再计算二层卧室木地板只需借鉴前面的计算结果即可。

4. 读图与计算技巧简谈

读懂装饰工程图，很重要的一点是要先熟悉各种图例，结合工程简介和设计说明快速读懂图纸。读图时一般应该把握以下原则：一般从平面图读起，按照立面图、剖面图和详图的顺序进行。这样有利于我们通过读图对工程有个整体认识。在装饰工程量计算时，读懂每一部分装饰所用材料、做法尤为重要，因此我们在读图时还要注意平立剖面图相互结合。例如，在平面图上看到有剖切位置，就可以去找相应的剖面图进行识读。在识读平面图时一些没有显示的装饰效果，可以结合局部详图识读。例如，平面图上只能看到楼梯的位置，看不到楼梯的具体装饰和具体做法，我们可以在平面图的基础上看详图，对楼梯的具体装饰进行更加详细的了解。

工程量的计算是在读懂图纸的基础上进行的。读完图纸后，应该对所要计算的项目进行简单罗列。然后选定一个计算顺序进行计算。例如，可以按照定额子目的顺序进行计算，先计算楼地面工程量，再计算墙、柱面工程量，及顶棚工程量等。在计算每个子目时也要遵循一定的顺序，比如先计算一层的工程量再计算二层工程量。无论多么复杂工程，只要有序地进行计算，就能确保不缺项、不漏项，快速准确地完成整个工程。

6.2　常见疑难问题解答

1. 装饰工程容易出错问题分类汇总

装饰工程量计算易错问题如下：

（1）顶棚抹灰的工程量如何计算？

（2）楼地面找平层工程量如何计算？

（3）在油漆、涂料工程中，不允许调整基价的情况有哪些？

（4）什么是踢脚线？如何计算其工程量？

（5）什么是顶棚龙骨？如何计算其工程量？

（6）顶棚装饰工程不允许调整基价的情况有哪些？

2. 经验工程师的解答

针对以上问题，具体回答如下：

（1）顶棚抹灰工程量按设计结构尺寸以展开面积计算顶棚抹灰。不扣除间壁墙、垛、柱、附墙烟囱、检查口和管道所占面积，带梁顶棚的梁两侧抹灰面积并入顶棚面积内，板式楼梯地面抹灰面积（包括踏步、休息平台以及≤500mm 宽的楼梯井）按水平投影面积乘以系数 1.15 计算，锯齿形楼梯地板抹灰面积（包括踏步、休息平台以及≤500 mm 宽的楼梯井）按水平投影面积乘以系数 1.37 计算。

（2）楼地面找平层按设计图示尺寸以面积计算。扣除凸出地面构筑物、设备基础、室内铁道、地沟等所占面积。不扣除间壁墙及单个面积≤0.3m^2 柱、垛、附墙烟囱及孔洞所占面积。门洞、空圈、暖气包槽、壁龛的开口部分不增加面积。

（3）①凡不涉及工艺和工序不同，人工综合工日一般不作调整。

②在油漆、涂料工程中，诸如腻子、填料、颜料、溶剂油、稀释剂、酒精等次要材料，除特殊情况一律不作调整。

③油漆、涂料分部中的机械费用，有的定额已经列出，有的按手工操作考虑，有的价值太少，如垂直运输机械，已考虑到其他材料费用之中，故在使用定额时，本部分的机械费一律不作调整。

（4）踢脚线是指沿室内四周与地面交接处设置的防止墙面污染的一种装修工程。高度一般为 150mm 左右，其工程量按设计图示长度乘以高度乘以面积计算。楼梯靠墙踢脚线（含锯齿形部分）贴块料按设计图示面积计算。

（5）天棚龙骨石一个包括由主龙骨、次龙骨、小龙骨（或称为主格栅、次格栅）所形成的网络骨架体系。其作用主要是承受顶棚的荷载，通过吊筋传递给楼盖或屋顶的承重结构。

（6）①凡设计施工工艺与定额相同者，紧固件的数量、品种和取定价一律不得调整。

②在顶棚装饰工程中，次要材料如圆丝、贴缝纸袋、其他材料费等数量、品种、取定价均不得调整，设计工艺有变者例外。

③除定额另有规定之外，机械台班数量、综合劳动日一律不得变动。

3. 经验工程师的训言

由于装饰工程具有材料品种多，价格差异大，施工工艺多，结构断面小，层次多，结构层次变化多，适用范围广的特点，在进行工程量计算时一定要注意整体把握，逐一计算。也就是说，我们要通过读图，对工程的整体情况有清晰的认识，了解各部分的装饰材料、施工工艺等。在此基础上按照一定的顺序有序计算，防止漏算。同时，在计算时要注意把握清单工程量计算规则和定额工程量计算规则的差异，按照相应的规则正确计算。